数理科学への
アプローチ

多様な数量関係の理解のために

占部逸正 著

大学教育出版

まえがき

ひとつの事柄でも視点を変えてみると違ったものに見えてくる。このことは、社会科学においてのみならず、それ以外に異なった見方のなさそうな自然科学においてもあてはまる。自然現象にしても社会現象にしても、物事は場所と時間により常に変化しており、ある時ある場所において生起するできごとは、物事の多様な側面のある面を表現しているのに過ぎない。にもかかわらず、現実にはひとつのできごとが限られた側面から捉えられることが多く、さらにそれが物事の全体を表すかのごとく理解されることも少なくない。長い人間の歴史においては、こうしたものの見方が自然の理解や社会の進歩の紆余曲折の原因のひとつになっていたとも考えられる。

教育界では、スポーツや感性の表現を開花させる機会が増大しつつある一方で、客観性を重視する理系科目が敬遠される傾向にある。理系科目が敬遠される要因のひとつに、数学や物理が「与えられた公式の応用の科目」と理解されていることが挙げられる。確かに、学習は真似ごとに始まりしだいに自分なりのものの確立へと向かうものであり公式の適用に習熟することが無意味とは言えない。しかし、これまでの学習では、その習熟度が主として記憶量の多さと処理の速さで評価され、思考過程の多様性を育もうとするものでなかったことも否定できない。このことは、逆説的ではあるが、時間が与えられれば難解な問題を解くことができる学生が少なからずいたことからも裏付けることができる。すなわち、理系科目に何らかの魅力が発見できる教育の糸口としては、考え方の多様性を育てる観点からの教育の再構築が求められており、同時にそのことは実現可能であるということである。考え方の多様性はものごとを捉える視点に依存する。多様な視点からものごとを捉えるにはその前提としてその考え方の基礎をきちんと学習しておく必要がある。また、考え方の多様性はものごとの関連性の捉え方に反映される。すなわち、現在の数学や物理の教育には、自然界に起こることがらの多様な側面の発見に繋がる教育、言い換えれば考え方の基礎を系統立てて学習するとともにものごとの関連性の多様性を見いだせる能力を身につける教育が求められているのである。

私たちの社会は進歩の途上にある。しかし、今私たちが日常を営む社会は大きな困難を抱え、社会の発展とは裏腹に多くの人々が不幸になる危険性をはらんでいる。時代が不安定になる時期には、しばしば価値観の多様性が失われ、紋切り型の論理が世間に闊歩するようになるといわれている。このことは、原因はどうであれ、結局は国民一人ひとりの考え方から多様性が失われたからに他ならない。つまり、社会の進歩が国民の幸せに繋がるものとなるためには、国民一人ひとりが、社会現象を多様な側面からものごとをとらえる能力を身に付けることが不可欠の課題なのである。

多様な側面から自然現象や社会現象を見るためには現実をあるがままにとらえる必要がある。ここでは、ものごとを多様な側面からとらえることを学ぶ学習素材として、数量関係の多様性を理解する観点から数学の基礎に取り組むこととし、それを「数理科学へのアプローチ」と名付けることとした。もちろん、数理科学は現実問題を高度な数学的手法により取り扱うもので、理系に馴染まない学生の学ぶ数学とは相当のギャップのあることも理解している。しかし、初学者に入門的に数量関係を表現するための数学を伝えることも重要であり、また教材作りとしても未知の領域に踏み込む創造的な仕事になる可能性もあることから、あえて「数理科学」として取り組んでみた。予想通り、高校数学の復習から数理科学にどう繋げ、発展させるのかを具現することは大変難しい仕事であった。2年間の講義の経験を踏まえて、曲がりなりにも、高校数学の復習とは異なり、物事の見方の多様性を主眼において書きあげたのが本書である。本書では、微分・積分学を取り上げていないが、これはここでの構想がまだ途中段階にあることを意味している。

もとより、著者は学としての数学を知る由もなく、ただ、発想の展開としての数学に興味を覚えるのみである。したがって、本書の内容には未熟な点が多いことも理解している。ただ、教育は、教師と教材とが対象である学生にマッチしたものでなくてはならないと言うのが持論でもある。今ある学生に必要な素材を使って必要な情報を提供しようとする意図とこれをより一般性のある教材に高めようとする熱意に免じて、未熟な点は更なる発展への礎としてご容赦いただきたい。

2012年3月

著　者

数理科学へのアプローチ
－多様な数量関係の理解のために－

目　次

まえがき……………………………………………………………………i

第１章　数を文字と式で表す…………………………………………1

１．１　数を文字で表す　1

１．２　文字で表された数の大小関係と絶対値　3

１．３　整式　4

１．４　分数式　6

１．５　部分分数分解　7

１．６　無理式と累乗根　8

第２章　関数関係を知る………………………………………………10

２．１　関数とはどんなものか　10

２．２　関数関係の表し方　10

２．３　関数関係の発見　13

２．４　関数関係を式やグラフで表す　15

２．５　指数と指数関数　23

２．６　対数と対数関数　26

２．７　三角比と三角関数　31

第３章　数と関数の概念の拡張（複素数）……………………37

３．１　虚数単位と複素数　37

３．２　複素数を平面上に表す　37

３．３　複素数の演算　38

３．４　複素数の極形式表示　39

３．５　複素数と指数関数　40

３．６　ド・モアブルの定理　41

３．７　複素数のｎ乗根（根号を開く）　42

３．８　複素数の対数　44

３．９　複素数の関数　45

第４章　大きさと方向を持つ数（ベクトル）……………………………47
４．１　ベクトルとは　47
４．２　ベクトルの演算　47
４．３　空間ベクトル　52
４．４　空間図形とベクトル方程式　57
４．５　軌跡と方程式　63

第５章　数の集まりで数を表現する（行列と行列式）……………68
５．１　行列とは　68
５．２　行列の定義　69
５．３　行列の演算　70
５．４　行列の応用　74
５．５　行列式の定義　82
５．６　行列式の展開　84
５．７　行列式の基本定理　86
５．８　行列式の積　89
５．９　逆行列　89
５．１０　クラメールの公式　90

第６章　物の集まりのとらえ方……………………………………………92
６．１　集合と要素　92
６．２　集合の関係　92
６．３　集合の要素の個数　95
６．４　場合の数　97

第７章　不規則性のなかにある規則性…………………………………101
７．１　不確実なことと確率　101
７．２　起こる可能性のとらえ方　102

７．３　確率の基本定理　104
７．４　確率変数と確率分布　107
７．５　確率変数の変換　108
７．６　主要な確率分布　108
７．７　標本抽出　112
７．８　推定　113
７．９　仮説の検定　117

第８章　論理的に考えること……………………………………124
８．１　論理的ってどんなこと　124
８．２　数学では　125
８．３　日常生活では　130
８．４　論理力を支えるもの　132

各章のキーワーズ……………………………………………134

あとがき……………………………………………………137

付録…………………………………………………………139

数理科学へのアプローチ
－多様な数量関係の理解のために－

1．数を文字と式で表す

1．1　数を文字で表す

（1）数とは

自然現象や社会現象をとらえる際の基本概念のひとつは量の概念である。量はあるものの単位として採用された同一のものの一定量と比較して決められる。数はこの比較の結果として生まれ、自然現象や社会現象の諸法則はこれらの数の相互関係により与えられている。数はつぎのように分類されている。

- 実数
  - 有理数
    - 自然数（1,2,3,・・・）
    - 整数（0,±1,±2,±3,・・・）
    - 分数（有限小数 $\frac{2}{5}=0.4$ など、循環小数 $\frac{1}{9}=0.111\cdots$ など）
  - 無理数　循環しない無限小数（$\sqrt{3}=1.732\cdots$ など）

ものの個数や順序を表すとき用いられる数が自然数、これに 0 と負の自然数を含めたものが整数、さらに、2 つの整数の比が分数である。分数には有限の桁で割り切れるものとある数の繰り返しになるものがあり、前者を有限小数、後者を循環小数という。整数と分数を総称して有理数といい、循環しない無限小数を無理数という。さらに、有理数と無理数を総称して実数と言う。有理数と無理数を並べてはじめて数直線は連続につながる。

（2）数の文字による表現

量は数字で表現される場合（半径 1 [m]の円、イチゴ 5[個]、・・・）と、文字で表現される場合（半径 r[m]の円、イチゴ n [個]、・・・・）がある。前者では具体的な数量が示されるが、後者では変化し得る量としての数を示している。

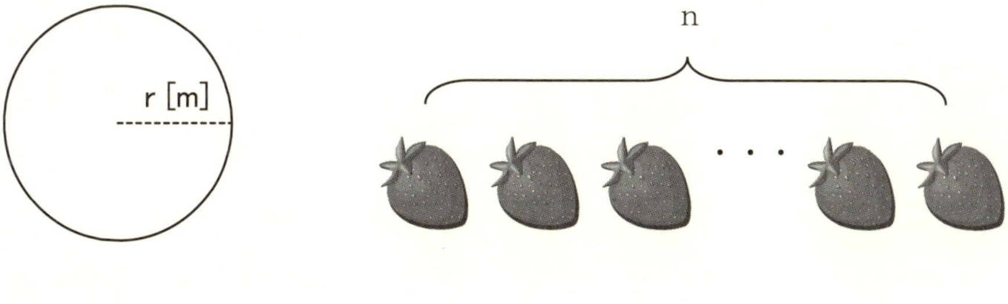

図　1．1

数を文字で表すことにより、特定のきまった量や物との特定の関係ではなくその他の場合に対しても広く適用可能な、より一般的な量や物の相互関係を表すことができる。自然界や社会のあらゆるものが時間と場所により異なり変化している。ものの性質をより普遍性をもって理解するためには、量や物との相互関係を文字で表し変化する量として捉えることが重要である。

（3）文字で表された量の演算

ここで、15 個のリンゴを 3 人で分けることにする。3 人がそれぞれ 1 個ずつ得た場合に相当する 3 個を単位とし、15 個と比較して 3 個が何回あるかを決めるために15÷3 の計算を行い 1 人当たりの個数を決める。しかし、日常生活ではリンゴ全体の個数や人数にはいろんな場合があり得る。つまり、何人かでものを分けるとき、リンゴや人の数を変わり得る数としてより一般的に使用できる量に置き換える必要が生じる。いま、変わり得るという意味で、m個のリンゴをｎ人で分ける、というように数を文字で表すと、配分の問題は一般的にm÷ｎの操作で決めることができる。

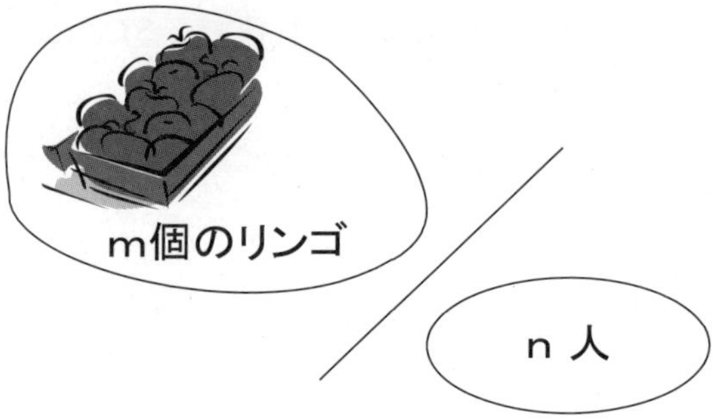

図　1．2

すなわち、m÷ｎはリンゴの個数に関係なく、また分ける人数にも関係なく、単位とする量が何度あるかを見つけるための操作としての一般性を得た表現になっている。この÷という操作を演算と言い、＋，－，×も機能は異なっても同じ操作の意味合いを有している。しかし、ここでもう少し変化する数を表す文字と操作を表わす記号について考えてみる。例えば、整数の場合には正の数（＋）だけとは限らず、負の数（－）にもなり得る。数の正と負は、量に方向性の意味を持たせる働きがある。例えばリンゴの例だとあげる場合ともらう場合であったり、人数の場合には増加と減少であったりする。上の割り算の例では、あげる予定の 9 個のみかんを当初予定していた 3 人が居なくなった結果、結局 1 人あたり $(-9)\div(-3)$ だけもらうことを意味することになる。このように、数を文字で表すことは、数が変わり得ることを表すだけでなく、その数の持つ意味合いの表現をも可能にするのである。

数を文字で表すことは、演算を時と場所によって変わり得る状況にいつでも利用できるものとしてその関係を簡潔に表現できる点で優れている。しかし、数を文字に置き換えて演算を行う場合、数の計算で行っていけないことは、当然のことながら文字で表された量の計算でも行ってはいけない。

例えば、式の計算ではこんなことが起こりやすいと言われている。今、$x=y\neq 0$ と仮定する。両辺に x を掛け、両辺から y^2 を引くと、

$$x^2-y^2=y\cdot x-y^2$$

となる。この式の両辺を因数分解すると、

$$(x+y)(x-y)=y(x-y)$$

となる。両辺を共通因子である $(x-y)$ で割ると、

$$x+y=y$$

となる。ここで、$x=y\neq 0$ と仮定したので、$2y=y$ となり、矛盾が生じている。なぜ、こうなったのであろうか。それは、どこかで計算のルールを間違えたことによるのである。このことを調べるために具体的な数字を使って考えて見る。

最初に $x=y$ を仮定しているので、因数分解したところで、例えば、もし、$x=3=y=3$ なら、$(3+3)\cdot 0=3\cdot 0$ となり、ここで両辺を 0 で割ることは明かに間違いだとわかる（ルール違反）。このように式を文字で表した場合、具体的な数字に比べ数の持つ意味合いが文字の中に隠されるためよく間違いが起こる。数理的にものごとを考えようとすると具体的な現象の中から量の変化や時間の変化を捉える必要があり、一般的な特徴や結論を導き出すことが求められる。したがって、まず、数理科学の出発点として数字を文字に置き換え、その取り扱いのルールに慣れることが必要である。

1．2　文字で表された数の大小関係と絶対値

2 つの数（実数）を a, b とするとき、a, b には、

$$a>b,\quad a=b,\quad a<b$$

のいずれかの関係が成り立つ。

数には正の数や負の数があるが、正負の符号に関係なく文字で表された数の大きさのみを表す場合、それを絶対値といい、$|a|$の記号で表す。文字がすでに符号を含んだ数を表す場合、絶対値ともとの数は、

$$a > 0 \text{のとき} \quad |a| = a$$

$$a < 0 \text{のとき} \quad |a| = -a$$

の関係にある。

1．3　整式

（1）整式とは

いくつかの数と文字を掛け合わせて得られる式を単項式という。単項式では数の部分を係数といい、文字の個数を次数という。例えば、

$$2ax^3$$

は次数が 4 で係数は 2 であるが、これを x について考えると次数は 3 で係数は $2a$ となる。2 種類以上の文字を含む単項式では着目する文字によって係数や次数は異なる。

単項式の和と差の形を多項式という。単項式と多項式を合わせて整式という。

$$5x^3 + x^2 - 2xy + 3y^2$$

整式の中で文字の部分が同じである項を同類項という。整式は、同類項をまとめて次数の高い順に並べることが多い（降べきの順）。

（2）整式の加法、減法

A, Bを整式とした場合、

$$A + B = B + A \quad \text{（交換の法則）}$$

$$(A + B) + C = A + (B + C) \quad \text{（結合の法則）}$$

が成り立つ。整式の加法、減法は同類項を整理することを意味する。

例）$A(x) = x^2 + 2y^2 - 2xy$、$B(x) = y^2 + 3xy - 3x^2$のとき、

$$A(x) + B(x) = (1-3)x^2 + (-2+3)xy + (2+1)y^2$$
$$= -2x^2 + xy + 3y^2$$

となる。

（3）整式の乗法

単項式と単項式の積は係数部分と文字部分をそれぞれ計算して整理する。整式の乗法において括弧をはずすことを展開といい、展開して得られた整式を展開式という。展開の基本は分配の法則である。

$$\text{分配の法則}\quad a(b+c)=ab+ac,\quad (a+b)c=ac+bc$$

分配の法則によりどんな整式の展開も可能であるが、頻繁に使用される展開は展開公式として以下のような公式が得られている。

$$(x+b)(x-a)=x^2-a^2$$
$$(x+a)(x+b)=x^2+(a+b)x+ab$$
$$(ax+b)(cx+d)=acx^2+(ad+bc)x+bd$$
$$(a\pm b)^2=a^2\pm 2ab+b^2$$
$$(a\pm b)^3=a^3\pm 3a^2b+3ab^2\pm b^3$$
$$(a+b+c)^2=a^2+b^2+c^2+2ab+2bc+2ac$$

（4）整式の除法

整式どうしの除法では、整式 $A(x)$ を $B(x)$ で割った商を $Q(x)$、余りを $R(x)$ とすると、商と余りの間に次の関係が成り立つ。

$$A(x)=B(x)Q(x)+R(x)$$

例） $A(x)=x^3+4x^2-3x-2,\quad B(x)=(x^2+2x-2)$ のとき、

$$\begin{array}{r|l}
 & x+2 \\ \hline
x^2+2x-2 & x^3+4x^2-3x-2 \\
 & x^3+2x^2-2x \\ \hline
 & \quad 2x^2-x-2 \\
 & \quad 2x^2+4x-4 \\ \hline
 & \qquad -5x+2
\end{array}$$

より、

$$x^3+4x^2-3x-2=(x^2+2x-2)(x+2)+(-5x+2)$$
$$Q(x)=(x+2),\qquad R(x)=(-5x+2)$$

となる。

ここで、余り $R(x)$ の次数は、割る式 $B(x)$ の次数より小さくなる。例えば、上の例

のように、割る式$B(x)$が２次式の場合には余りは１次式になる。また、余り$R(x)$が０ならば$A(x)=B(x)Q(x)$となり、$A(x)$は$B(x)$で割り切れる。

（５）因数分解

整式をいくつかの整式の積の形で表すことを因数分解という。この場合、積を作っている各式を因数という。因数の係数は、ここでは有理数の範囲とする。因数分解の公式には分配の法則の逆があてはまる。因数分解の公式の１例を示す。

$$acx^2+(ad+bc)x+bd=(ax+b)(cx+d)$$
$$x^3\pm y^3=(x\pm y)(x^2\mp xy+y^2)$$

因数分解では、その第１段階として、１次式$(x-a)$が因数として含まれるかどうかの判断の必要な場合がある。今、整式を$f(x)=(x-a)Q(x)+k$とした場合、$f(a)=k=0$であれば、$f(x)=(x-a)Q(x)$となり$f(x)$は$(x-a)$で割り切れる。つまり、１次式$(x-a)$は$f(x)$の因数のひとつとなっている。このように与式に定数ａを代入して余りが０になるなら、与式が$(x-a)$で割り切れることを因数定理と呼んでいる。

例） $f(x)=x^3+2x^2-x-2$は$f(1)=0$であるので、$(x-1)$で割り切れる。

したがって、

$$f(x)=x^3+2x^2-x-2=(x-1)(x^2+3x+2)$$

となる。

(x^2+3x+2)は、さらに因数分解できるので、求める解は

$$f(x)=(x-1)(x^2+3x+2)=(x-1)(x+2)(x+1)$$

となる。

１．４　分数式

整式$A(x)$と０でない整式$B(x)$で作った割り算$\dfrac{A(x)}{B(x)}$を分数式という。分数式では、分母と分子に０でない整式をかけても同じ分数式であり、逆に、分母、分子に

同じ因数がある場合には約分することができる。約分することができない分数式を既約分数式という。

例）分数式$\dfrac{x^2-x-2}{x^2-4}$を約分すると

$$\frac{x^2-x-2}{x^2-4}=\frac{(x-2)(x+1)}{(x+2)(x-2)}=\frac{x+1}{x+2}$$

となる。

分数式の分母と分子がまた分数式の場合、繁分数式という。繁分数式は分母と分子を簡単な分数にした後に計算する。

1．5　部分分数分解

分数式が与えられたとき、これを分母の因数ごとの分数式の形にすることを部分分数分解という。例えば、A, B, c, dを整式とした場合、
$\dfrac{cB+dA}{A\cdot B}$の形で示された分数式を$\dfrac{c}{A}+\dfrac{d}{B}$の形に分解することを言う。

例題１）　$\dfrac{2x-8}{(x-2)(x-3)}=\dfrac{A}{x-2}+\dfrac{B}{(x-3)}$を満たす$A$，$B$を求めよ。

例解）　$\dfrac{A}{(x-2)}+\dfrac{B}{(x-3)}=\dfrac{Ax-3A+Bx-2B}{(x-2)(x-3)}=\dfrac{(A+B)x-(3A+2B)}{(x-2)(x-3)}$

より、与式の分子と比較すると、

$$\begin{cases} A+B=2 \\ 3A+2B=8 \end{cases}$$

となる。この連立方程式を解くと、$A=4$，$B=-2$を得ることができる。

与式が、例えば、

$$\frac{3}{(x-1)(x^2+x+1)}=\frac{A}{(x+1)}+\frac{Bx+C}{(x^2+x+1)}$$

のように、分母に因数分解できない２次（以上）の整式が現れる場合、分子は１次（以上）の整式の形にしなければならない。

１．６　無理式と累乗根

２乗して a になる数 x を a の平方根 $\left(\pm\sqrt{a}\right)$ という。$a>0,\ b>0$ のとき、

$$\sqrt{a}\sqrt{b}=\sqrt{ab},\quad \frac{\sqrt{b}}{\sqrt{a}}=\sqrt{\frac{b}{a}}$$

が成り立つ。無理式とは根号の中に整式や分数式を含む式をいう。A を整式や分数式とすると無理式 $\sqrt{A}$ が意味を持つのは、実数の範囲では $A\geq 0$ の場合だけである。

例題２）$\sqrt{x^2-4}$ の無理式の成立する x を求めよ。

例解）　x が実数の範囲では、$x\geq 2,\ x\leq -2$ の範囲で与式は成立する。

無理数や無理式を含む分数式では分母を整数や整式に直すことがある。このことを分母の有理化と呼ぶ。

例）無理式 $\dfrac{1}{\sqrt{x}-\sqrt{y}}$ は、有理化すると

$$\frac{1}{\sqrt{x}-\sqrt{y}}=\frac{\sqrt{x}+\sqrt{y}}{\left(\sqrt{x}-\sqrt{y}\right)\left(\sqrt{x}+\sqrt{y}\right)}=\frac{\sqrt{x}+\sqrt{y}}{\left(\sqrt{x}\right)^2-\left(\sqrt{y}\right)^2}=\frac{\sqrt{x}+\sqrt{y}}{x-y}$$

となる。

一般に累乗してもとの数 a となる数を累乗根いう。a のｎ乗根 $\sqrt[n]{a}$ は、$x^n=a$ の実数解であるので、ｎによって異なり次のような性質がある。

①ｎが偶数の場合、

$a>0$ のとき、ａのｎ乗根は２つあり、正のｎ乗根 $\sqrt[n]{a}$ とすれば負のｎ乗根は $-\sqrt[n]{a}$

$a=0$ のとき、ａのｎ乗根は０

$a<0$ のとき、ａのｎ乗根はない

②ｎが奇数の場合、ａの符号に関わりなくａのｎ乗根は１つあり、

$a>0$ のとき、$\sqrt[n]{a}>0$

$a=0$ のとき、0

$a<0$ のとき、$\sqrt[n]{a}<0$

注）a の n 乗根と n 乗根 a の違い：16 の 4 乗根は根が 4 個あり、実数では -2 と 2 である。

4 乗根 16 は $\sqrt[4]{16}$ で 2 だけである。

累乗根には、$a>0$, $b>0$ または m, n, p を正の整数とするとき、以下の法則がある。

$$\left(\sqrt[n]{a}\right)^n=a \qquad \sqrt[n]{a}\sqrt[n]{b}=\sqrt[n]{ab} \qquad \frac{\sqrt[n]{a}}{\sqrt[n]{b}}=\sqrt[n]{\frac{a}{b}}$$

$$\left(\sqrt[n]{a}\right)^m=\sqrt[n]{a^m} \qquad \sqrt[m]{\sqrt[n]{a}}=\sqrt[m\cdot n]{a} \qquad \sqrt[n]{a^m}=\sqrt[n\cdot p]{a^{m\cdot p}}$$

また、累乗根は、m, n を正の整数、k が正の有理数とすると、

$$\sqrt[n]{a^m}=\left(\sqrt[n]{a}\right)^m=\left(a^{\frac{1}{n}}\right)^m=a^{\frac{m}{n}} \qquad a^{-k}=\frac{1}{a^k}$$

と表すことができる。

例題 3）(1) $4^{-\frac{1}{2}}$、(2) $\sqrt{9x}\times\frac{1}{\sqrt{2x^3}}$ を計算せよ。

例解）(1) $4^{-\frac{1}{2}}=\left(2^2\right)^{-\frac{1}{2}}=2^{-1}=\frac{1}{2}$　(2) $\sqrt{9x}\times\frac{1}{\sqrt{2x^3}}=\frac{3x^{\frac{1}{2}}}{\sqrt{2}\times x^{\frac{3}{2}}}=\frac{3}{\sqrt{2}}x^{-1}$ となる。

2．関数関係を知る

2．1　関数とはどんなものか

「関数と聞くとどんなことを思い浮かべますか？　思いつくままに書いてください」と学生に問いかけたところ、表のような言葉が返ってきた。多くの学生が高校までに学習した数学のなかにある関数やグラフのことを思い浮かべている。

グラフ、傾き、切片、微分積分
１次関数、2 次関数、三角関数、グラフ
x と y の式、グラフを書いて考える、範囲が大切
グラフ、数式、計算
$f(x)$
難しい

数学で関数といえば、このようにしばしば 2 次関数や三角関数あるいはこれらのグラフ表現がイメージされる。しかし、関数はもともと自然現象や社会現象の中にあって一方の変化に伴い他方が変化するといった関係性を表現するもので、必ずしも数式による表現を常に前提とするものではない。すなわち、関数でもっとも関心の高い部分は、あるものと他のものとの関係がどうなっているのかを明らかにすることであり、その対応関係の表現方法は、その対応関係の活用の仕方によって決められる副次的なものである。一般的に捉えられがちな関数関係の数式による表現やグラフ化は、関数の表現方法のひとつとして重要であるが、このことが強調されるあまり関数を関数の持つ本来の意味合いから遠ざける原因になっていた可能性も否定できない。関数を本来持つ意味合いから捉えなおすことにより、数学が単なる式の羅列や変換ではなく、現実的に意味のあるものを導くものとしていかに楽しいものであるかを発見することが数理科学の役割のひとつといえる。

2．2　関数関係の表し方

あるものと他のものとの対応関係を表現する方法にはいくつかある。

（1）言葉による表現

一方がどのように変化したら他方がどのように変化するのかを言葉で説明するもので、

○大気中のCO_2が増加すると地球の温暖化が進む。

○欠席日数が増えると学業成績がさえない。

○喫煙を続けるとガンになりやすい。

○血中アルコール濃度が増えると事故の危険率が増大する。

などのように、個々のデータの対応関係や全体像の変化の説明に用いられることが多い。言葉による関数表現は、例えば、気温の時間変化を説明する場合には、おかれている条件や何時に何℃であるといった量的関係を繰り返し述べることや変化の傾向を詳細に説明することが求められる。量的な対応関係を言葉で正確に表現するとなると大変厄介である。

（2）数表による表現

関数関係が複雑な場合や解析的表現が知られていない場合、数量化されたものの相互の関連を表すのに数表を用いる。数表では縦と横の方向に変数を取ることができる。表 2.1 では、死亡事故数のみならず、事故の件数の総数や違反件数も同時に表示することができる。

表２．１　広島県の年齢別交通事故死亡数（平成 19 年度）

	10 歳未満	10 代	20 代	30 代	40 代	50～64 歳	65 歳以上
人数	1	3	23	9	8	26	62

（3）式による表現（解析的方法）

対応関係のルールを方程式により表現するもので、

$y = f(x)$　　x ：独立変数、y ：従属変数、f ：対応関係の規則

の形で示される。対応関係の規則（式による表現）がわかれば、xの値を定めるとそれに対応してyの値が定まる。例えば、はじめ静止していた物体の落下距離は、経過時間の 2 乗に比例することが実験により明らかにされている。この場合、落下距離を y [m]、経過時間を t [s]とすると、物体の落下時間と落下距離の関係は、比例定数を g とすると、

$$y = g t^2$$

と表すことができる。ここで、gは重力の加速度と呼ばれている。

（4）グラフによる表現

数を線分と方向で表すことで、一方の変数に対する他方の変数の変化が目に見えるようになる。

1）直線上の位置

任意の数xを線分で表すためには、長さの単位を決めた後に与えられたxに等しい長さを持つ線分をつくり直線上にこの線分をとる。この直線には、決まった向きを与え、右向きを正、左向きを負と決めておく。こうすることにより、量は数で表されるのみならず、線分により表現することができる。ひとつの変数をグラフによって表すためには原点Oを決める必要がある。直線上に原点Oをあらかじめ定めておき、線分の始点をいつも原点Oに置くことにする。こうすることで線分の終点が数xに対応することになり、数xに対応する直線上の点Aが定まる。この数xに対応する直線上の位置Aを座標と呼び、点Aが座標xを持つということを示すためにA(x)と書き表す。

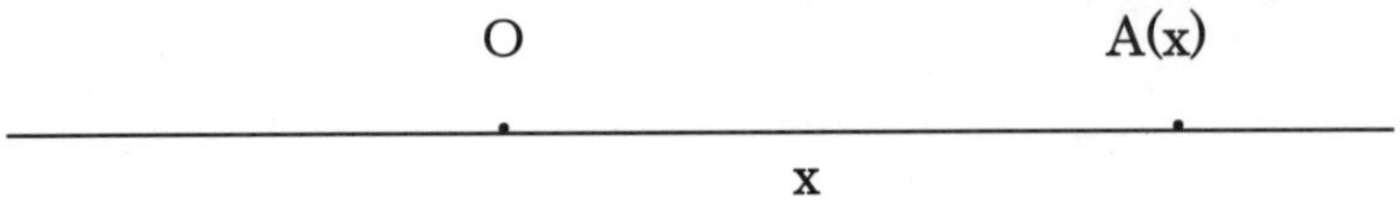

図　2．1

直線上の点は有理数と無理数により点Aに対応する座標をすべて表現することができるので、直線上の任意の点Aに対応して実数が定まり、逆に任意の実数に対して直線上の点Aが定まる。したがって、xが変われば点Aが直線上を動き、数xのグラフによる表現が可能になる。

2）平面上の位置

x方向だけでなく、平面上に互いに直交する2つの軸を引き、交点を両直線の原点Oに取り、それぞれの軸に実数x、yを対応させる。それぞれ軸上に実数x、yの値に対応する位置を定めることにより平面上の点Mの位置を完全に決めることができる。数x、yをこれらの軸上の値とし、原点より右あるいは上にあるときを正、その逆を負とするときx、yを点Mの座標といいM(x,y)と書き表す。xとyがひとつの関数関係で結び付けられている場合、この x と y の値の組に対応して平面上に点Mの位置が定まり、図 2.2 に示すように x、y の変化により点Mの位置が動く。点Mは動きながらひとつの曲線を描くことになるが、この曲線を関数関係のグラフ表現という。関数関係が $y=f(x)$ または $F(x,y)=0$ の方程式の形で示されたとき、得られた曲線は方程式のグラフと呼ばれる。

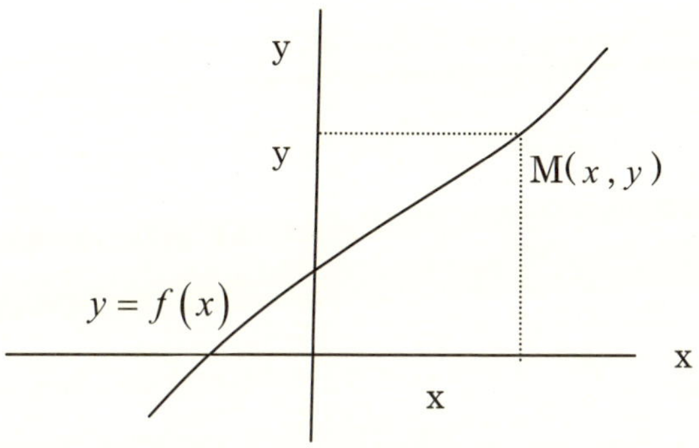

図　2．2

2．3　関数関係の発見

関数関係は一方の変化量に対する他方の変化量の対応関係をいう。まず、量の性質を考える。量には一般的に定まった量と変わる量がある。定まった量はある条件のもとで変わらない量で、変わる量は何かの原因によりいろいろな値をとりうる量である。これら 2 つの量は与えられた条件により著しく左右される。例えば、あるひとつの量がある時ある条件下では定まった量として取り扱われるが、場所や時間、温度などの条件が異なると変わる量として取り扱われることがある。

量は特別な場合を除いて変わる量として取り扱うことが多い。量の関係を関数表現する場合、変わる量のことを変数という。問題としている現象や出来事のなかから関数関係を抽出する際には、変わる量としての変数に何をとるかが重要である。あるひとつの対象（目的量と呼ばれ、これもひとつの変数である）の変化は、複数の変数に起因することが多い。したがって、関数関係を知る作業は変わる量と目的量の間にある共通した性質や形、機能、規則性などの特徴を観測などにより見いだすことから始まる。

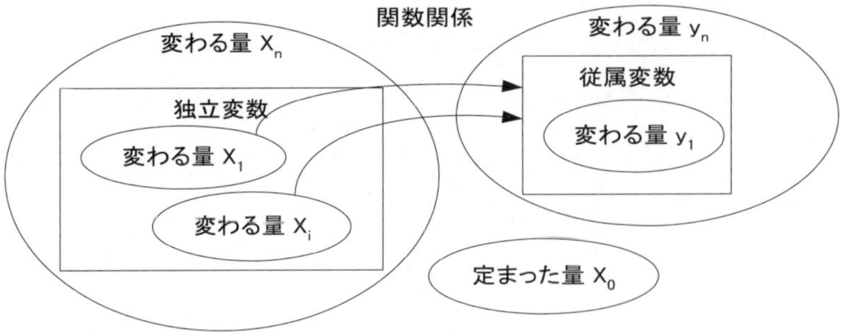

図　2．3

自然科学や社会科学では、観測したデータを説明したり、将来を予測したり、決断を下すための根拠を提供したりする必要が生じる。現実問題を解決する際、したがっていくつかの仮定を設け、単純化することで主な変数（独立変数）が何であるかを決めることが多い（例えば、地球大気気温の上昇の問題で、大気中の二酸化炭素の影響が最も大きいと仮定することなど）。独立変数が決まれば目的量（従属変数）との相互関係の考察から両者にある関数関係を近似的に決めることができる。その際、従属変数と独立変数の相互関係がより一般的に適用できると仮定して数式による表現を試みる（数学モデルを適用する）。このように変数の関係が式により表現されると観測データなどによって得られた現実の問題が数学の関数の問題に置き換わることになる。

現実の問題が一旦数学の問題に置き換わると、数学上のルールに従って問題の解決を試みることができる（ここで、y が x の関数であるとき、数学では独立変数 x がとり得る値の範囲を定義域と言い、従属変数 y が動く範囲を値域という）。しかし、数学的に得られた結果が現実の観測データとうまく一致するかどうかは未知数である。もし、理論的に得られた結果が現実問題をよく説明できるなら式による表現法が関数関係を表すのに適切であったと判断できるし、逆の場合は仮定の設定のやり直しや独立変数の取り方の修正が必要になる。新しい数学モデルが現実の問題を適切に記述しているかどうかは再度現実のデータとの整合性をはかることによって検証し、適切性が確保されるまでこの操作が繰り返す必要がある。

2．4　関数関係を式やグラフで表す

ここでは身近な問題を取り上げながら、変数の取り方、関数関係の発見、関数関係の表現法について考える。

関数関係1

何分か前に駅に向かって出発したＡをＢが追っかけるとき、どのくらい後に追いつくだろうかという問題を設定する。関数関係を決めるための従属変数と独立変数の選び方に決まったルールがあるわけではない。今、独立変数をＡが出発してからの経過時間 t とし、従属変数 y を出発地点からの距離とする。また、ＢはＡの出発の後 t_0 だけ経過して出発したとする。ＡとＢの進んだ距離と時間の関係を式で表すと、

$$A : y_1 = v_1 t, \quad B : y_2 = v_2 \left(t - t_0 \right)$$

が得られる。ここで、これらの関係性の発見の基礎には、これまでに得られた観測データや経験あるいは物理法則が重要な役割を果たすことはいうまでもない。この関数関係をＡが出発してからの経過時間 t と距離 y の関係をグラフで示すと図 2.4 のようになる。

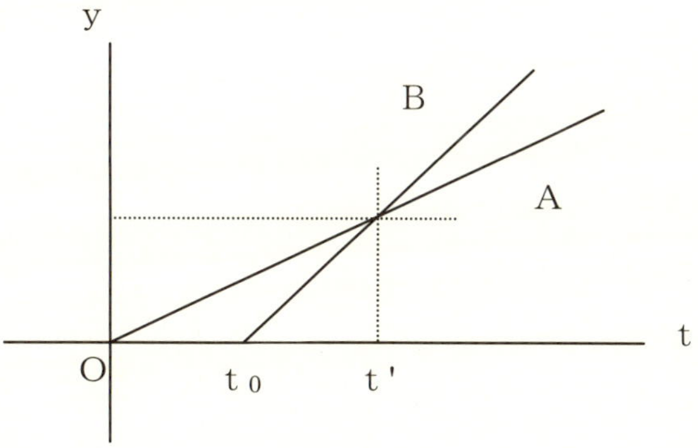

図　2．4

このように関数関係が式やグラフで示されると、例えば、ＢがＡ追いつくことのできる時間を決定することができる。ＢがＡに追いつくことは、進んだ距離が同じであることを意味しているので、Ａがスタートしてからの時間を t' とすると、

$$v_1 t' = v_2 \left(t' - t_0 \right)$$

と等式で結ぶことができ、経過時間 t' は、

$$t' = \frac{v_2 t_0}{v_2 - v_1}$$

と得ることができる。この結果をもとの時間と距離の関係に当てはめると、A，B それぞれの進んだ距離が求められるが、この結果を実際に実行すると t' 後に A、B 両者の進んだ距離が等しいことが確認でき、問題の考え方の妥当性が確認できる。この距離はグラフ上では 2 つの直線の交点になる。

関数関係 2

ある商品 1 個を原価 a 円で仕入れて a+20 円で売ると 1 日に b 個売れる。商品 1 個につき 1 円値上げするごとに 1 日の売上個数は 20 個減るという。利益を最大にするには 1 個いくらで売れば良いかを考える。ここで、独立変数として値上げ額を x 円とし、従属変数として値上げに伴って変化する利益を y 円とする。値上げ額 x と利益の y 関係は、価格と売り上げ個数との関係（1 円の値上げで売り上げが 20 個減少する）で決まるので、

$$y = (20 + x)(b - 20x) = -20x^2 + (b - 400)x + 20b$$

の関係で表すことができる。

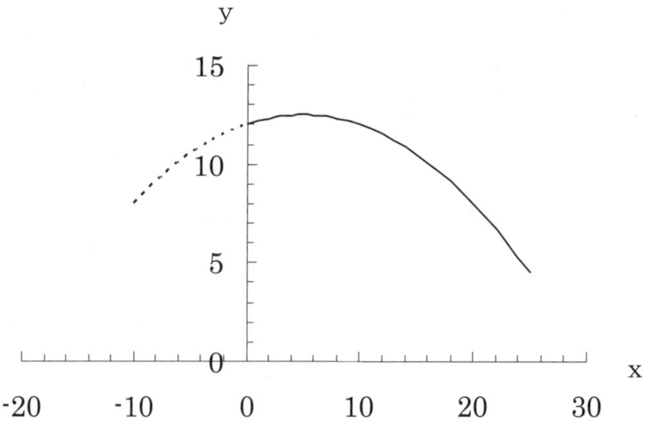

図　2．5

この式で表された関数関係を使用すると、値上げにより期待される利益 y を容易に決めることができる。例えば、この得られた値上げと利益の関係で、 b＝600 の

場合（縦軸は縮小）のグラフを図 2.5 に示す。利益 y が最大となる値上げの額 x は、2 次関数の頂点の座標になるので、

$$y = -20x^2 + 200x + 1200 = -20\left\{(x-5)^2 - 85\right\}$$

より、5 円の値上げが利益を最大にすることがわかる。

関数関係 3

銀行にお金を預けるとある利率でお金が増える。ここでは独立変数として経過年数をとり、銀行に預けられたお金の元利合計を従属変数とする。今、元金が S_0 で年率が r であったとすると、1 年後には S_0(1+r) となり、2 年後には S_0(1+r)(1+r) となり、n 年後の元利合計は、

$$S = S_0 \overbrace{(1+r)(1+r)(1+r)\cdots(1+r)}^{\mathrm{n}}$$

となり、変数としての経過年数が増えると、元利合計は同じ割合で増える（r がマイナスの場合には減る)。

また、光は水中を透過する際、単位長さごとに $\frac{1}{d}(d>1)$ の割合いで減衰する性質がある。I_0 で入射した光が n [m] 透過した後の光の強度と透過距離の間には、

$$I = I_0 \cdot \overbrace{\left(1-\frac{1}{d}\right)\cdot\left(1-\frac{1}{d}\right)\cdot\left(1-\frac{1}{d}\right)\cdots\left(1-\frac{1}{d}\right)}^{\mathrm{n}}$$

の関係がある。これらの場合のように現在の状態が同じ割合で継続して増加、減少する場合の関数関係は、

$$y = C_0 a^x$$

の形で表現することができる。この関数関係をグラフで表すと図 2.6 のようになる（C_0= 1 の場合)。変化する割合を a とすると、$(a>1)$ の場合は x の増加とともに y は増加し、$(a<1)$ の場合には x の増加により y は減少する。

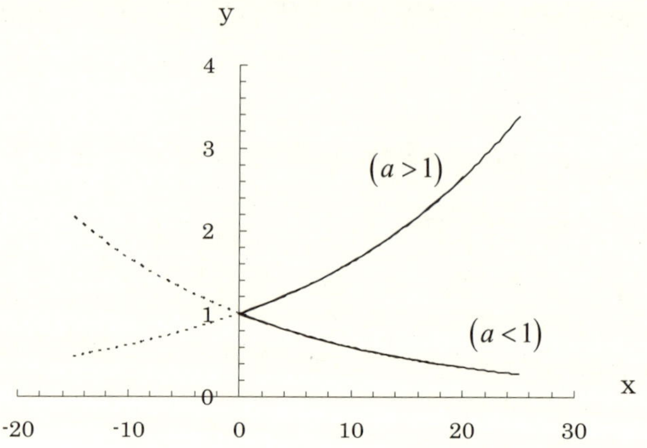

図　2．6

関数関係４

関数関係３で説明したように、強度 I_0 の光がある物質を x [m]だけ通り抜けると通り抜けた後の強度 y は、

$$y = I_0\left(1-\frac{1}{d}\right)^x$$

と表される。この関係では通り抜ける距離 x が独立変数で、通り抜けた後の光の強度 y が従属変数となっている。しかし、場合によっては、最初の強度が入射時に比べて $\frac{1}{k}$ 倍になる物質の厚さの情報がほしい場合がある。すなわち、独立変数として透過後の光の強さをとり、従属変数が物質の厚さになる場合がある。この場合の変数は指数関数の関係とちょうど逆の関係になっている。このように独立変数と従属変数の関係が指数関数と逆の関係にある関数を対数関数という。

対数関数は、$y = log_a x$ の形で示される。したがて、$y = log_a x$ は $y = a^x$ と独立変数と従属変数が逆の関係にあり逆関数の関係にある。

光の透過の例では、

$$y = I_0\left(1-\frac{1}{d}\right)^x \quad \Leftrightarrow \quad x = \log_{\left(1-\frac{1}{d}\right)}\frac{y}{I_0}$$

なので、改めて x と y をそれぞれ y を x に置き換えて、

$$y = \log_{\left(1-\frac{1}{d}\right)}\frac{x}{I_0}$$

なる関数関係が得られる。対数関数はグラフで表すと図 2.7 のようになる。増加あるいは減少の比率 a とすると、$(a>1)$ の場合は x の増加とともに y は増加し、$(a<1)$ の場合には x の増加により y は減少する。

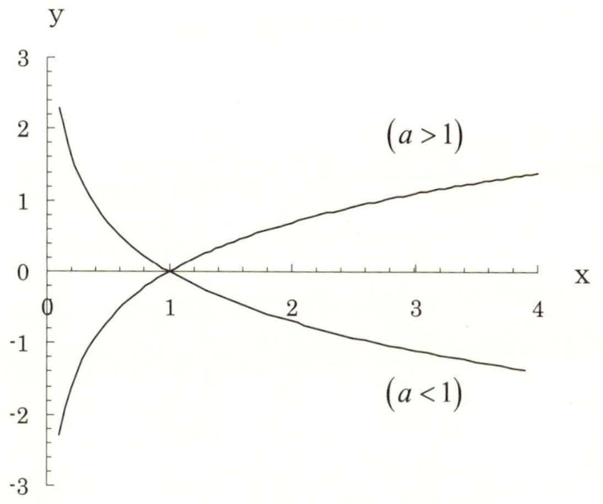

図　2．7

対数関数の応用例として人の刺激に対する反応をあげることができる。例えば、人が聞き分けることのできる音の強さの変化は、現在の音の強さと変化した音の強さの比に比例するといわれている。つまり、弱い音からの変化と強い音からの変化では、強い音からの変化量をその分だけ大きくしないと同じ変化として聞きわけることができない。ここで、人の反応の変化量⊿Rが外界からの刺激の現在量 S と変化量⊿S の比に比例すると、$\Delta R = k\dfrac{\Delta S}{S}$ の関係より、独立変数としての刺激 S と従属変数としての反応Rの間には、$R = k\,log\left(S/S_0 \right)$ 関係が成り立つ。ここで、S_0 は基準となる音による刺激を表す。このように刺激の強さと人の感覚の相違が対数の関係にあることは「ウェーバー・フェヒナーの法則」としてよく知られている。

関数関係 5

①バネの運動

ばね定数 k のバネに質量 m のおもりをつるして静止させる。このとき、バネは自然の長さから s だけ伸びたとする。ここで、おもりを x だけ引き下げて（あるいは持ち上げて）放すと釣り合いの点（静止点）を中心に上下に振動する。この振動は

おもりに働く重力 mg とばねの力によって生じているので、釣り合いの位置からの距離 x を独立変数とし、おもりに働く力を従属変数 F とすると、

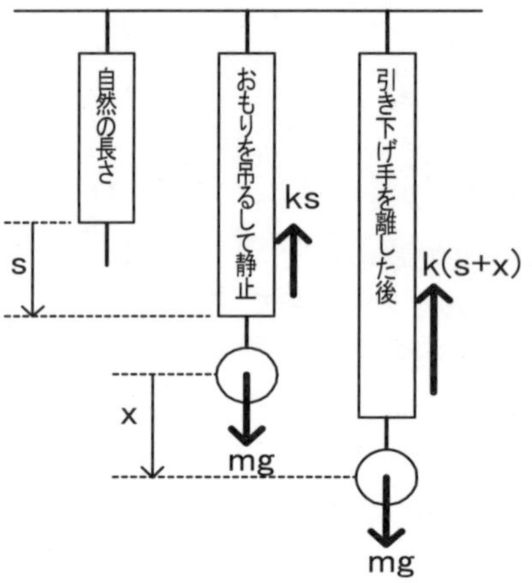

図　2．8

距離とおもりに働く力の間には、力の作用する方向を考えて、

$$F = mg - k\left(s + x\right) = mg - ks - kx$$

の関係がある。ここで、ks は釣り合いの位置でバネに作用する力であり、$ks = mg$ なので、おもりに働く力は、

$$F = -kx$$

となる。おもりに働く力は、静止位置からの距離に比例し、常に静止位置に向いている。一方、おもりの加速度を a とすると、力と加速度の関係は $F = ma$ と表されるので、

$$ma = -kx \qquad a = -\frac{k}{m}x$$

が得られる。この関係は m も k も定まった値なので加速度 a が x によって変化することを表している。

このような関係で示される運動は単振動と呼ばれるもので、その変化の様子は、改めて、時間を独立変数 x とし、位置を従属変数 y とすると、図 2.9 のように、

$$y = A\cos\sqrt{\frac{m}{k}}x$$

の形で示される。

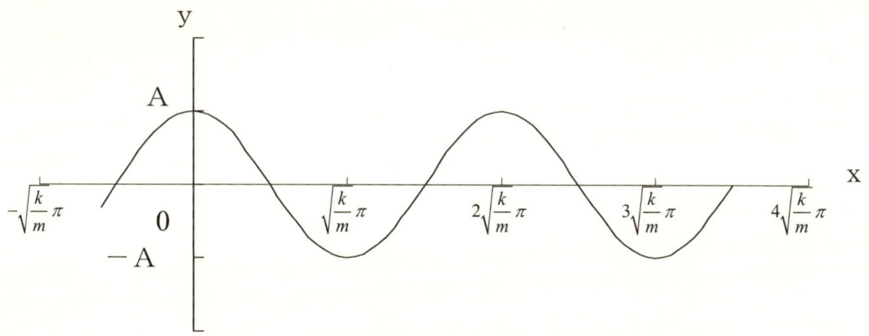

図　2．9

②波の伝播

波が伝わる現象を波動という。波が進行しているとき、媒質の位置（変位）は波の発生後の経過時間 t と発生源からの位置 x によって決まる。経過時間および発生源からの位置を独立変数とし媒質の変位を従属変数として、波の伝わる様子を考える（波の方程式）。今、波は媒質の各点で振幅 A、角振動数 ω、周期 T，振動数 ν で単振動をし、同時に波長 λ で x の向きに速さ v で進むものとする。

波の発生源（原点）である $x=0$ の点では初位相＝0 であるから、ある時刻 t における変位 y は、

$$y = A\sin\omega t = A\sin\frac{2\pi}{T}t$$

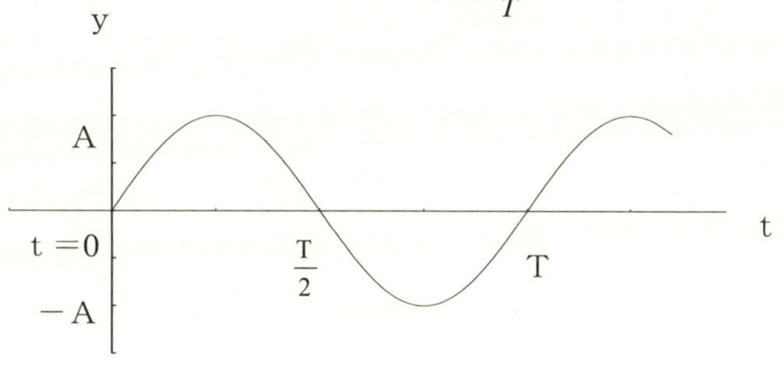

図　2．10

で表される。波は速さ v で x の正の方向に進むので、原点から任意のＰ点までの距離 Δx だけ波が進むには、$\Delta t = \dfrac{\Delta x}{v}$ だけ時間がかかる。したがって、点Ｐの媒質は原点の媒質より $\Delta t = \dfrac{\Delta x}{v}$ だけの遅れて同じ振動する。

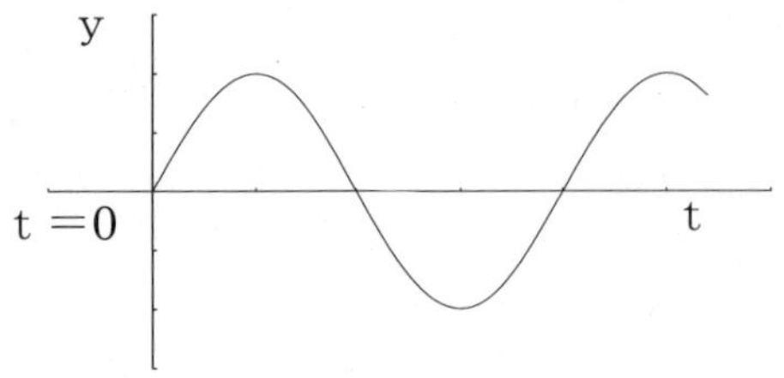

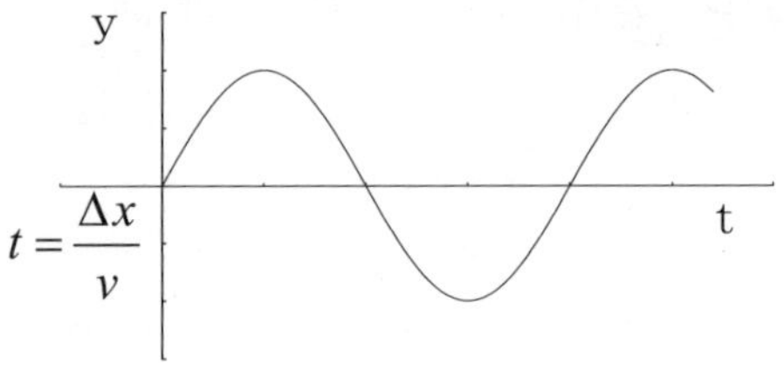

図　２．１１

すなわち、点Ｐの変位は原点より $\Delta t=\dfrac{\Delta x}{v}$ だけ前の変位と同じ変位となる。したがって、原点の時刻 $t=0$ における変位が $y=0$ ならば、原点から進行方向に x だけ離れている点Ｐの時刻 t における変位 y の大きさは、

$$y=A\sin\omega\left(t-\frac{x}{v}\right)=A\sin 2\pi v\left(t-\frac{x}{v}\right)=A\sin 2\pi\left(\frac{t}{T}-\frac{x}{\lambda}\right)$$

と表される。

関数的発想の出発点

人間の日常生活は、問題を解決することの連続である。しかし、この日常生活の問題をその時だけの問題と捉えて取り組むと、問題の解決にならなかったり、同じことの繰り返しになったりする。目の前に生じていることが一見複雑でありバラバラに見えても、そこに何らかの関連性があるのではないかと原因と結果の間に規則性を見つけようと意識することが関数的発想の出発点である。

自然現象や日常生活は、未知なことや不思議なことに満ち溢れている。自然界は宇宙の変化や生命の営みあるいは人間活動に起因する地球環境の変化など関数関係の宝庫である。また、日常生活では将来に対する経済の不確実性を少なくするためにこれまでの経験に基づいて将来を予測することが不可欠である。自然現象や社会現象は多くの原因が複雑にからみ原因と結果が見づらくなっているのが普通であるが、先入観を持たないで多様な視点から現象自身をしっかり眺めることで、可能性のある関連性や因果関係の芽を発見するよう努めることが重要である。

2．5　指数と指数関数

（1）指数とは

ある数をｎ個掛け合わせたものを一般的には

$$a \times a \cdots \times a = a^n$$

のようにa^nと書いて、aのｎ乗（累乗）と呼び、数ｎを指数と呼ぶ。さらに指数ｎが０や負の整数の場合に拡張し、次のように定義する。

$$a^0 = 1, \quad a^{-n} = \frac{1}{a^n} \quad (n = 1, 2, 3, \cdots)$$

指数は非常に大きな数や小さな数を表現するのに便利である。例えば、光の速さは毎秒約 300000 [km]と言われているが、100＝10^2、1000=10^3になることから、300000 が 10 の何乗倍であるかを考えて、3.0×10^5 [km s^{-1}]（有効数字を２桁とする）と表記したり、原子の大きさが～0.0000000001[m]であるのを、$0.1 = \frac{1}{10^1} = 10^{-1}$、$0.01 = \frac{1}{10^2} = 10^{-2}$となることから、～$1 \times 10^{-10}$ [m]（有効数字を１桁とする）と表記したりする。

（2）指数法則

指数は、整数、有理数、無理数xに対してa^xを定めることができる。すなわち、指数法則は、ａ＞0、ｂ＞0 で、r, sが任意の実数のとき、

$$a^0 = 1 \quad a^{-r} = \frac{1}{a^r} \quad a^r \times a^s = a^{r+s} \qquad a^r \div a^s = a^{r-s}$$

$$(a \cdot b)^r = a^r b^r \quad (a^r)^s = a^{rs} \quad \left(\frac{a}{b}\right)^r = \frac{a^r}{b^r}$$

について成り立つ。

例題１）$\dfrac{\sqrt{10a^5b^2}}{\sqrt{2a^2b}}$を計算せよ。

例解）$\dfrac{\sqrt{10a^5b^2}}{\sqrt{2a^2b}} = \dfrac{(10a^5b^2)^{\frac{1}{2}}}{(2a^2b)^{\frac{1}{2}}} = \left(\dfrac{10a^5b^2}{2a^2b}\right)^{\frac{1}{2}} = (5a^3b)^{\frac{1}{2}} = \sqrt{5}a^{\frac{3}{2}}b^{\frac{1}{2}}$

（３）指数関数とはどんな関数か

a が１以外の正の実数のとき、指数が変数となる関係 $y=a^x$ を a を底とする指数関数という。指数関数 $y=a^x$ には、次のような性質がある。

①$y=a^x$ の定義域は実数全体で、$y>0$ である。

②y の増減は、関数関係３で示したように、$a>1$ のとき x が増加すると y も増加し、$0<a<1$ のとき x が増加すると y は減少する。

③点$(0,1)$、$(1,a)$を通り、x 軸が漸近線となる。

（４）指数関数のグラフ

$y=a^x$ のグラフは、y 軸と$(0,1)$で交わり、$a>1$ のとき単調増加（右上がり）で、$0<a<1$ のとき単調減少（右下がり）となる。いずれの場合も x 軸が漸近線となる。図 2.12 に $y=2^x$、$y=\left(\frac{1}{2}\right)^x$、$y=2^{x-1}$ のグラフを示す。

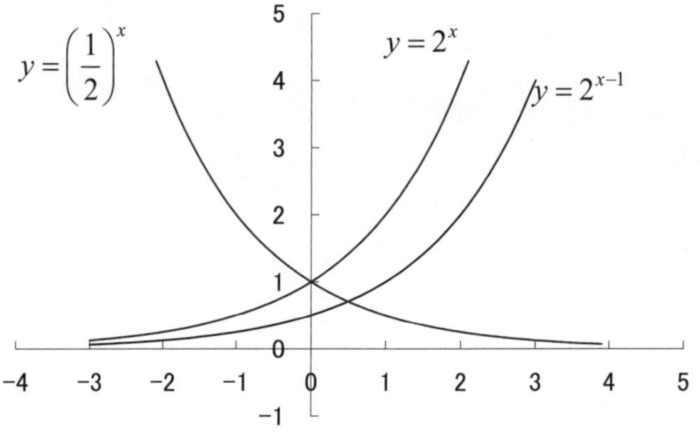

図　２．１２

（５）指数方程式（不等式）

指数に未知数が含まれる方程式を指数方程式という。例えば、

$$a^{2x}=a^d$$

の方程式が考えられる。この方程式は $2x=d$ より x を求めることができるが、指数方程式の解は、底をそろえ指数部分を比較するか、あるいは $a^x=X\quad(X>0)$ などの置き換えをすることによって未知数を求めることができる。

例題２） $4^x - 3\times 2^{x+1} - 16 = 0$ を解け。

例解）　2^x を X と置くと、与式は $X^2 - 6X - 16 = 0$ となり、$X = -8,\ X = 2$ が得られる。$2^x > 0$ なので、$2^x = 2$ より $x = 1$ が得られる。

（６）特別な指数関数

点(0,1)における接線の傾きが１である指数関数

$$y = e^x$$

を言う。e は無理数でネピアの定数と呼ばれ、

$$e = \lim_{n\to\infty}\left(1+\frac{1}{n}\right)^n = 1 + \frac{1}{1!} + \frac{1}{2!} + \frac{1}{3!} + \cdots = 2.718281828$$

と与えられている。e を底とする指数関数は、自然現象や投資の計算など実生活に広く使用されている。$y = e^x$ は

$$y = \exp(x)$$

とも表記される。

（７）指数関数の応用例

① 血中アルコール濃度と事故の危険率

血中アルコール濃度 c の上昇率に対する自動車事故の危険率 R の増加の割合が、現在の危険率に比例して増大すると仮定すると、

$$\frac{\Delta R}{\Delta c} = kR$$

より、$R(c) = R_0 e^{kc}$ が得られる。ここで、R_0 はアルコールなし時の危険率である。

② 放射性物質の放射能の減衰

放射性物質では単位時間内の原子の崩壊数が現在の原子数 N に比例する。

$$-\frac{\Delta N}{\Delta t} = \lambda N$$

より、崩壊しないで現在残っている原子数 $N(t)$ は $N(t) = N_0 e^{-\lambda t}$ で表される。

このように目的とする量の変化の割合が現在ある量に比例するとき、目的とする量は指数関数的に変化する。

２．６　対数と対数関数

（１）対数とは

$q = a^p$ なる累乗の関係で、指数 p を書き表すために用いられる数を対数という。対数は、$p = \log_a q$ と表し、a を底、q を真数という。

$$q = a^p \Leftrightarrow p = \log_a q$$

$$\log_a a = 1 \qquad \log_a 1 = 0 \qquad \log_a \frac{1}{a} = -1$$

対数は、$\log_{10} 1000 = \log_{10} 10^3 = 3,\ \log_{10} 0.0001 = \log_{10} 10^{-4} = -4$ などのように指数の累乗を表すので、大きな数や小さな数を扱う場合に便利である。また、例えば、$10^5 \times 10^8 = 10^{13}$ では、$\log_{10} 10^5 = 5 \quad \log_{10} 10^8 = 8 \quad \log_{10} 10^{13} = 13$ より、対数（指数の部分）に着目すると、$5 + 8 = 13$ になっており、底が変わらなければ乗算を加算に置き直して実行することができる。このように、対数は、大きな数を小さな数に、小さな数を大きな数に変えるのみならず、それらの演算に威力を発揮する。対数を用いた演算の仕方を整理すると以下の通りとなる。

（２）対数法則

対数は、その底 a に関して $a > 0,\ a \neq 1$ の条件が常に成り立たなくてはならない。したがって、$a > 0,\ a \neq 1,\ p > 0,\ q > 0,\ r$ を実数として以下の法則が成り立つ。

$$\log_a pq = \log_a p + \log_a q \qquad \log_a \frac{p}{q} = \log_a p - \log_a q \qquad \log_a q^r = r\log_a q$$

また、$b > 0, b \neq 1$ とするとき、

$$\log_p q = \frac{\log_b q}{\log_b p} \qquad \left(\log_p q = \frac{1}{\log_q p}\right)$$

について成り立つ。

例題３）(1) $2\log_5 20 - \log_5 16$ (2) $\log_3 6 - \log_9 12$ を計算せよ。

例解）(1) $2\log_5 20 - \log_5 16 = \log_5 (4 \times 5)^2 - \log 4^2 = \log_5 \dfrac{4^2 \times 5^2}{4^2} = \log_5 5^2 = 2$

(2) $\log_3 6 - \log_9 12 = \log_3 6 - \dfrac{\log_3 12}{\log_3 9} = \dfrac{2 \cdot \log_3 6 - \log_3 12}{2} = \dfrac{1}{2}\log_3 \dfrac{36}{12} = \dfrac{1}{2}$

（3）対数関数とはどんな関数か

$a>0, a\neq 1$ なる a を底とし、真数 x（$x>0$）を変数とした $y=log_a x$ を対数関数という。 $y=\log_a x$ と $y=a^x$ は逆関数の関係にある。

対数関数 $y=\log_a x$ には次のような性質がある。

①定義域は $x>0$ で、y は実数全体である。

②グラフは x 軸と(1,0)で交わり、点$(a,1)$を通る。

③ y 軸はこのグラフの漸近線である。

④ $a>0$ の場合、x の増加に伴って y は増加する。

$a<0$ の場合、x の増加に伴って y は減少する。

（参考：$y=\log_a x$ と $y=\log_{\frac{1}{a}} x$ のグラフは x 軸に関して対称である。）

（4）対数関数のグラフ

$y=\log_a x$ のグラフは $y=a^x$ のグラフと直線 $y=x$ に関し対称である。

点(1,0)、(a,1)を通り、y 軸を漸近線とする。$a>1$ のとき単調増加（右上がり）で、

$0<a<1$ のとき単調減少（右下がり）となる。

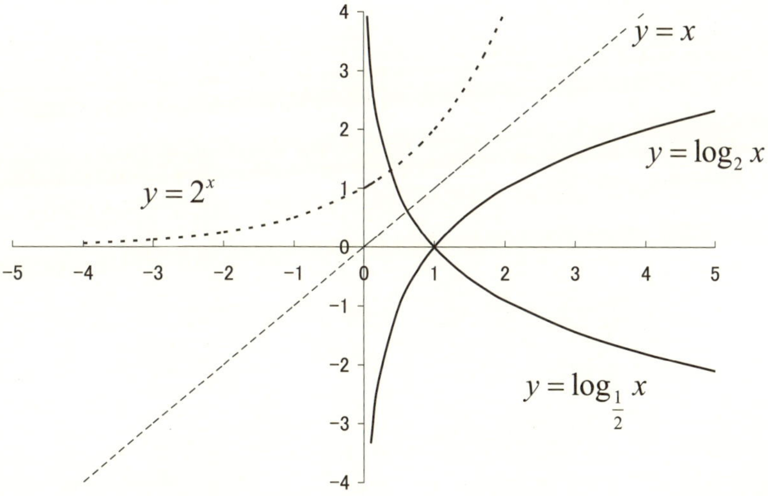

図　2．13

（5）対数方程式

未知数が対数の真数に含まれる場合がある。真数に未知数を含む方程式を対数方程式という。例えば、$a>0, a\neq 1$ とし、b を正の定数とすると、

$$\log_a x=\log_a b$$

の形の方程式が考えられる。この方程式の解は $x=b$ と与えられるが、対数方程式の解法としては、対数の底をそろえ、$\log_a X=\log_a Y$ から $\log_a$ を取り去り X＝Y＞0 の関係を利用する場合や $\log_a x=X$ などの対数の置き換えを行うことで普通の式に直す方法がある。

例題４）$\log_2(x+1)+\log_2 x=1$ を解け。

例解）$\log_2(x+1)+\log_2 x=\log_2 x(x+1)=1=\log_2 2$ より、
$x(x+1)=2$ が得られる。展開して因数分解すると、$(x+2)(x-1)=0$ となり、
$x=-2,\quad x=1$ が得られ、$x+1>0$ より $x=1$ が解となる。

（6）常用対数と自然対数

10 を底とする対数は常用対数と呼ばれ、log Log などのように底の 10 を省略して表記する合が多い。一方、e を底とする対数は自然対数と呼ばれ、ln　Ln などを用いて表現することが多い。常用対数と自然対数は、

$$\ln x=\log_e x=\frac{\log_{10} x}{\log_{10} e}=\frac{\log_{10} x}{0.43429}=2.30258\times\log_{10} x=2.30258\times\log x$$

の関係にある。

① 常用対数を用いると数の整数部分の桁数などがわかる。

例えば、正の数の整数部分が n 桁の場合、

$$10^{n-1}\leq x<10^n \Leftrightarrow n-1\leq \log_{10}x<n$$

より桁数が分かる。また、正の数 n の少数第 n 位に初めて 0 でない数が現れる場合は、

$$\frac{1}{10^n}\leq x<\frac{1}{10^{n-1}}\Leftrightarrow -n\leq \log_{10}x<-n+1$$

より下何桁目かわかる。

> 例）整数Nが3桁の数では、$100 \le N \le 1000$なので、$10^2 \le N \le 10^3$より、
> $2 \le \log_{10} N \le 3$となる。

② 自然対数を使うと、比べる2つの量の差がそれほど大きくないとき、対数の差は元の量の大きさに関係なく両者の倍率を表す。

例えば、今、2500円の食品が2800円になり、40000円の電化製品が45000円になったとする。食品の値上げ率は、

$$\log_e 2800 - \log_e 2500 = 7.94 - 7.82 = 0.12$$

で約12%、電化製品の値上げ率は、

$$\log_e 45000 - \log_e 40000 = 10.714 - 10.596 = 0.118$$

で約12%となる。これらはそれぞれ食品と電化製品の値上げ率

$$\frac{300}{2500} = 0.12, \quad \frac{5000}{40000} = 0.125$$

に近い値となる。

（7）対数関数の応用例

① 情報量の表現

不確実性を減らすものが情報であるという考え方がある。この考え方に従うと情報量Iは独立変数としての不確実性をuとすると、$I = \log_2\left(\frac{1}{u}\right)$と定義される。このことは、一単位の情報量は不確実な状況下での不確実性を半分にし、情報量が増すごとに不確実性が減少することを意味している。

② 電力の表現法

電力はワット[W]の単位で表され、照明器具や電気機器等に使用される。電力はその大きさの範囲が広く、1[W]の10^6倍から10^{-6}倍の範囲を超える量を日常的に使用している。このように大きな数から小さな数までを取り扱うには、基準となる電力（例えばP_0＝1[W]）に対する比の対数

$$D[dB] = 10\log_{10}\frac{P_1}{P_0}$$

で表すと取り扱う数が使いやすい範囲となる。ここで、通常P_0は定数として取り

扱われることから、P_1が独立変数となり電力の変化に応じた量（ここでは[dB]を使用する）がしばしば電力を表す量として用いられる。例えば、100[W]の照明器具は20[dB]になり、0.1[W]の出力は－10[dB]となる。また、種々の機器を経由することで電力が何倍かになる（何分の１になる）を考える場合には、対数関数の性質から、それぞれの機器の電力増幅度の積（商）

$$p_1 \times p_2 = 100 \times 0.1 = 10$$

を和（差）

$$\log_{10} p_1 + \log_{10} p_2 = \log_{10} 100 + \log_{10} 0.1 = 2 + (-1) = 1$$

の形で表すことが可能となり、機器の最終的な性能等を知るうえで便利となる。

2．7　三角比と三角関数

（1）三角形の特徴

三角形は3つの辺で形作られ、その内角の和は180度になる。三角形は四角形やその他の多角形と異なり、辺の長さが決まると角度の大きさが決まる。ここでは、さまざまな三角形のなかでひとつの角が直角の場合（直角三角形）を考える。直角三角形ではもうひとつの角が決まると他の角も決まり三角形の形が決まる。三角形の大きさは辺の長さによって決まる。しかし、それぞれ対応する辺の長さの比は大きさが異なっても一定になる。このことは、角度が一定の場合には、三角形の2辺の間に定まった関係があることを意味している。

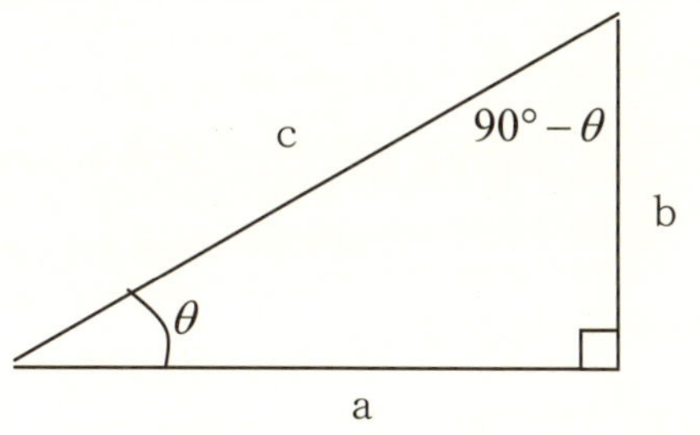

図　2．14

直角三角形の2辺の間にあるこの定まった関係のことを正弦、余弦、正接と呼び、それぞれ $\sin\theta$，$\cos\theta$，$\tan\theta$ で表す。ここで、θ は2辺間の角度である。三角比とは3辺の長さ a, b, c の直角三角形で、辺 a と辺 c のなす角を θ とした場合の3辺の比で、

$$\sin\theta=\frac{b}{c},\ \cos\theta=\frac{a}{c},\ \tan\theta=\frac{b}{a}$$

で表される関係をいう。

（2）三角比の相互の関係

直角三角形（0°＜θ＜90°）の三角比の相互の関係は、まず、その定義より

$\tan\theta=\dfrac{\sin\theta}{\cos\theta}$ が明らかで、さらにピタゴラスの定理より、

$$\sin^2\theta + \cos^2\theta = 1 \qquad 1 + \tan^2\theta = \frac{1}{\cos^2\theta}$$

が得られる。また、直角三角形のひとつの角が θ の場合、他の角は $\left(90° - \theta\right)$ となるので、

$$\sin\left(90° - \theta\right) = \cos\theta, \quad \cos\left(90° - \theta\right) = \sin\theta, \quad \tan\theta = \frac{1}{\tan\theta}$$

の関係が得られる。

（3）角度の表し方

角度には2通りの単位が定義されている。

①半径１の円で、動径を始線から反時計回りに回転させたときの１回転を 360°とするもので、60 分法と呼ばれている。

②半径１の円で、円周上の２点間の長さが１になる角を１rad とするもので、弧度法と呼ばれている。

60 分法と弧度法には次の関係がある。

$$360° = 2\pi \,\mathrm{rad} \quad より \quad 1\,rad = \left(\frac{180}{\pi}\right)^{\circ}$$

（4）一般角とは

角度は２つの直線のなす角を回転の量と捉えることができる。

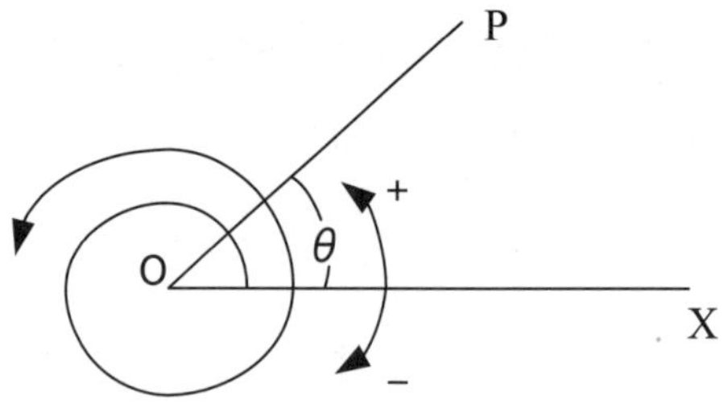

図2．１５

点Oをとり回転を測るときの基準となる始線ＯＸを引く。点Ｐと点Oを結ぶ線を動経とよび、点Oの周りを回転するものとする。始線と動径とのなす角を回転の角度とする。回転の角度は、反時計回りの角を＋、時計回りの角を－として、回転の方向に符号を付ける。また、回転の角度は動径を何回回転したか、つまり、2π以

上回転する場合も含めて表現する。このように回転の向きや 2π 以上回転させることを考えた角を一般角といい、$\theta+2n\pi$（nは回転数）で表される。

（5）三角関数の表現

座標平面で半径 r の円に対して、動径 OP の位置は OX を始線として一般角 $\theta+2n\pi$ によって決まる。OP＝ r、点Pの座標を P(x,y)とすると、Pの x, y 座標は、それぞれ $\theta+2n\pi$ の関数となる。

ここで、$\sin(\theta+2n\pi)=\dfrac{y}{r}$,　$\cos(\theta+2n\pi)=\dfrac{x}{r}$,　$\tan(\theta+n\pi)=\dfrac{y}{x}$ と定義する。

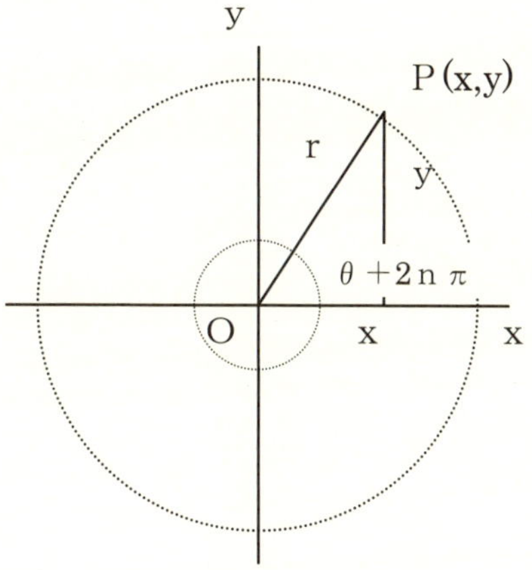

図　２．１６

$\dfrac{x}{r}$, $\dfrac{y}{r}$, $\dfrac{y}{x}$ は $2n\pi$ の値によって変化しないので $\theta+2n\pi$ を改めて一般角 θ と置きなおし、θ を独立変数とする関数を三角関数として取り扱う。

（6）三角関数のグラフ

角度には一般角 θ がとられる。θ を独立変数xで表した場合、三角関数は、

$$y=A\sin x,\ y=B\cos x,\ y=C\tan x$$

などと表される。ここで、A，B，Cは任意の定数である。

三角関数の定義から、$\sin x$，$\cos x$ では 2π 毎に、$\tan x$ では π 毎に同じパターンが現れる。すなわち、$\sin x$，$\cos x$ では、

$$f(x+2n\pi)=f(x)$$

$\tan x$ では

$$f(x+n\pi)=f(x)$$

が成り立つ。ある一定の値（ここでは２π）ごとに関数が同じ値をとるとき、この関数を周期関数といい、この一定の値を周期という。

例）$y=\sin x$、$y=\sin 2x$、$y=2\sin x$ のグラフを書く。

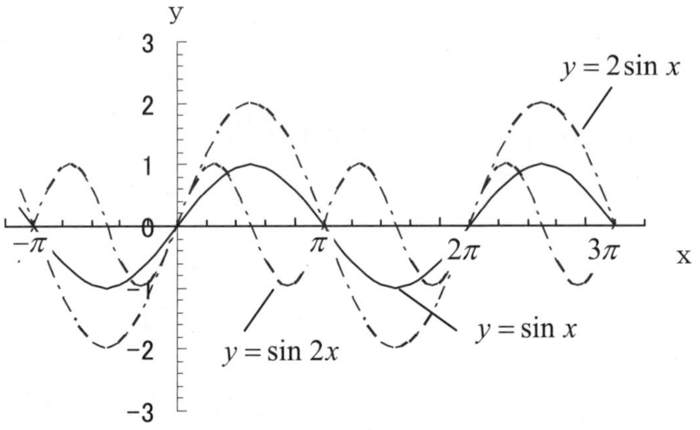

（７）三角方程式

三角関数の角度に未知数が含まれる方程式を三角方程式という。例えば、

$$f(x)=\sin x=\frac{1}{2}$$

のとき、$0\leq x\leq 2\pi$ の範囲では $x=\frac{\pi}{6},\ \frac{5\pi}{6}$ の２つの角度が解となり、一般角では、$x=\frac{\pi}{6}+2n\pi,\ \frac{5\pi}{6}+2n\pi$ が解となる。

（８）三角関数の公式

三角関数の公式は、三角関数 $y=\sin\theta$ のようにｙとθの関係が示された場合、ある角度 θ_1 と θ_2 のそれぞれの関数値の和（差）ともとの角度 θ_1 と θ_2 の和（差）の関数値との関係を示したものである。三角関数の公式では、次に示す加法定理の公式が最も重要である。

$$\sin(\theta_1\pm\theta_2)=\sin\theta_1\cos\theta_2\pm\cos\theta_1\sin\theta_2$$

$$\cos(\theta_1\pm\theta_2)=\cos\theta_1\cos\theta_2\mp\sin\theta_1\sin\theta_2$$

$$\tan(\theta_1 \pm \theta_2) = \frac{\tan\theta_1 \pm \tan\theta_2}{1 \mp \tan\theta_1 \tan\theta_2}$$

正弦関数の場合、以下のように加法定理を説明することができる。

$$\begin{aligned}\sin(\theta_1 \pm \theta_2) &= \frac{\overline{PR}}{\overline{OP}} = \frac{\overline{PQ}+\overline{QR}}{\overline{OP}} = \frac{\overline{ST}}{\overline{OP}} + \frac{\overline{PQ}}{\overline{OP}} \\ &= \frac{\overline{ST}}{\overline{OS}}\frac{\overline{OS}}{\overline{OP}} + \frac{\overline{PQ}}{\overline{PS}}\frac{\overline{PS}}{\overline{OP}} \\ &= \sin\theta_1 \cos\theta_2 \pm \cos\theta_1 \sin\theta_2\end{aligned}$$

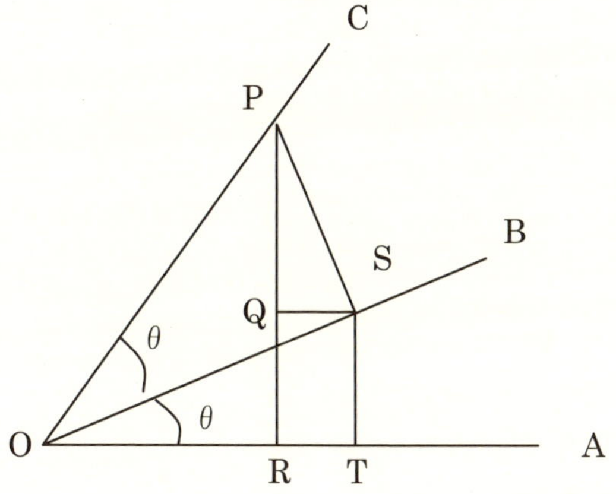

図　2．17

三角関数の倍角の公式や半角の公式は、この加法定理を使用して導き出すことができる。

例）$\sin 2\theta$、$\sin(\theta+\theta) = \sin\theta\cos\theta \pm \cos\theta\sin\theta$ より、

$$\sin 2\theta = 2\sin\theta\cos\theta$$

となる。また、$\cos 2\theta$ は、$\cos(\theta+\theta) = \cos\theta\cos\theta - \sin\theta\sin\theta = \cos^2\theta - \sin^2\theta$ より、$\cos 2\theta = \cos^2\theta - \sin^2\theta = 1 - 2\sin^2\theta$ となり、改めて θ を $\frac{\theta}{2}$ と置くことによって、

$$\sin^2\frac{\theta}{2} = \frac{1-\cos\theta}{2}$$

と求めることができる。

（9）三角関数の合成

三角関数の和、すなわち$\sin\theta$と$\cos\theta$の和はどのような形になるのであろうか。$\sin(\theta_1 \pm \theta_2) = \sin\theta_1 \cos\theta_2 \pm \sin\theta_2 \cos\theta_1$の関係を使用すると、２つの三角関数をひとつの三角関数で表現する（三角関数の合成）ことが可能になる。

今、$y = a\sin\theta + b\cos\theta$を考える。この式は、変形すると、

$$
\begin{aligned}
a\sin\theta + b\cos\theta &= \sqrt{a^2+b^2}\left(\frac{a}{\sqrt{a^2+b^2}}\sin\theta + \frac{b}{\sqrt{a^2+b^2}}\cos\theta\right) \\
&= \sqrt{a^2+b^2}\left(\cos\alpha\sin\theta + \sin\alpha\cos\theta\right) \\
&= \sqrt{a^2+b^2}\sin(\theta+\alpha)
\end{aligned}
$$

のようになる。ここで、αは$\cos\alpha = \dfrac{a}{\sqrt{a^2+b^2}}$, $\sin\alpha = \dfrac{b}{\sqrt{a^2+b^2}}$を満たす角である。

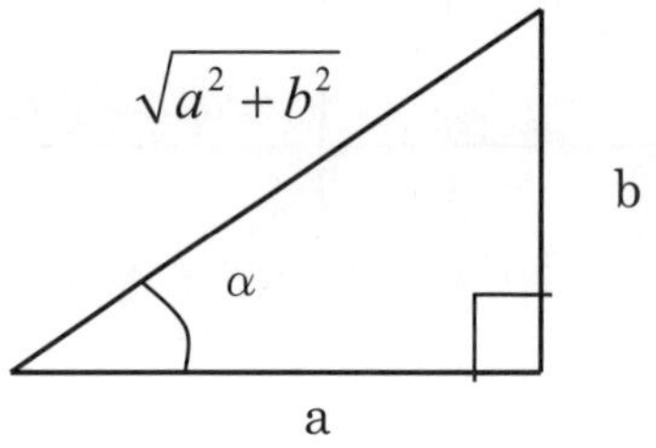

図2．１８

αは新たに定義された角であるが、上の図のように与えられた関数のa, bによって決まる角で正、負のいずれの値でも取り得る。

例題１） $\sin x - \sqrt{3}\cos x$を合成せよ。

例解） $\sin x - \sqrt{3}\cos x = 2\left(\frac{1}{2}\sin x - \frac{\sqrt{3}}{2}\cos x\right)$となり、回転角$\alpha = -\frac{\pi}{3}$とすると、

$\cos\left(-\frac{\pi}{3}\right) = \frac{1}{2}$, $\sin\left(-\frac{\pi}{3}\right) = -\frac{\sqrt{3}}{2}$なので、

与式＝$2\left(\cos\left(-\frac{\pi}{3}\right)\sin x + \sin\left(-\frac{\pi}{3}\right)\cos x\right) = 2\sin\left(x - \frac{\pi}{3}\right)$となる。

３．数と関数の概念の拡張（複素数）

３．１　虚数単位と複素数

実数係数の 2 次方程式 $ax^2+bx+c=0$ の方程式を解くと、解は、

$$x=\frac{-b\pm\sqrt{b^2-4ac}}{2a}$$

となる。この解のなかで、$b^2-4ac<0$ のとき、根は実数の範囲内に存在しない。実数係数の 2 次方程式が常に解を持つようにするためには、実数を特別な場合として含むような新しい数を導入し、数の概念を拡張する必要がある。このようにして考えられたのが複素数である。すなわち、2 乗して負になる数が新たに存在すると考え、記号 $i=\sqrt{-1}$（虚数単位）を導入し、2 つの実数 a， b を用いて $a+bi$ なる形の新しい数を導入し、これを複素数と定義する。複素数はしばしば

$$z=a+bi$$

のように z で表し、a を実数部、b を虚数部と呼ぶことにしている。

虚数および複素数は以下のように定義されている。

① 虚数は、実数 a と虚数単位 i の積 ai で表される数。i を含んだ数の計算は i を文字とする式のように扱い、$i^2=-1$ とする。

② 複素数は、a， b を実数とするとき、$a+bi$ なる形で表される数。複素数には大小関係は定義されていない。

３．２　複素数を平面上に表す

2 次元の座標平面上で直角座標が (a,b) となる点に $z=a+bi$ なる複素数を対応付けると、すべての複素数 z をこの平面上の点で表すことができる。

$$z=a+bi \quad \Leftrightarrow (a,b)$$

この複素数と対応付けられた座標平面を複素平面又はガウス平面といい、縦軸を虚軸、横軸を実軸と呼んでいる。複素平面状の点 z と原点Oとの距離を複素数の絶対値といい、記号 $|z|$ で表す。$|z|$ は平面上の点 (a,b) と

$$|z|=\sqrt{a^2+b^2}$$

の関係にある。

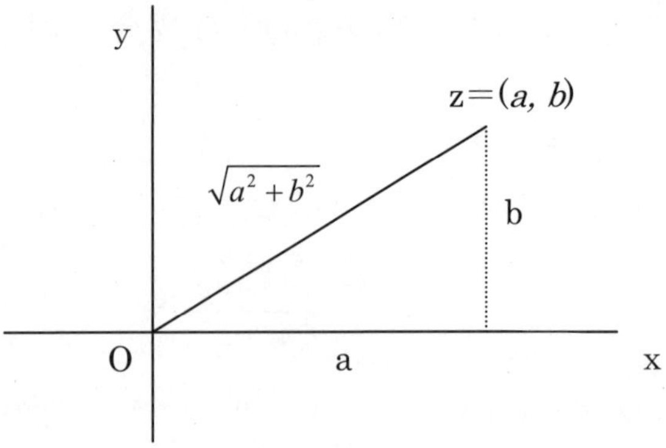

図　3．1

3．3　複素数の演算

2つの複素数を $z_1=a_1+b_1 i$ 、$z_2=a_2+b_2 i$ とする。

（1）相等

2つの複素数は、それらの実部と虚部がそれぞれ一致するとき相等しくなる。

$$a_1=a_2 \text{ かつ } b_1=b_2$$

（2）四則演算

複素数間の四則演算は、i の性質を考慮すれば、実数の場合と同じ法則に従って取扱うことができる。

① 加法と減法

$$z_1 \pm z_2=\left(a_1+a_2\right)+\left(b_1+b_2\right) i$$

② 積と商

$$z_1 \cdot z_2=\left(a_1 a_2-b_1 b_2\right)+\left(a_1 b_1+a_2 b_2\right) i$$

$$\frac{z_1}{z_2}=\frac{\left(a_1+b_1 i\right)}{\left(a_2+b_2 i\right)}=\frac{\left(a_1+b_1 i\right)\left(a_2-b_2 i\right)}{\left(a_2+b_2 i\right)\left(a_2-b_2 i\right)}=\frac{\left(a_1 a_2+b_1 b_2\right)+\left(a_1 b_2-a_2 b_1\right) i}{a_2^2+b_2^2}$$

（3）共役複素数

$z=a+bi$ の複素数に対して、$a-bi$ を z の共役複素数（$\overline{z}$ と表記）という。複素数 z と共役複素数 $\overline{z}$ には以下の関係がある。

① $z+\overline{z}=2a$　　② $z-\overline{z}=2bi$　　③ $z \cdot \overline{z}=a^2+b^2$　　④ $\overline{\overline{z}}=z$

複素数 z の実部を $R_e(z)$、虚部を $I_m(z)$ と書くと、

$$R_e(z)=\frac{1}{2}(z+\overline{z}) \qquad I_m(z)=\frac{1}{2i}(z-\overline{z})$$

の関係が得られる。

また、2つの任意の複素数を z_1 、z_2 とすると、

$$① \ \overline{z_1 \pm z_2}=\overline{z}_1 \pm \overline{z}_2 \qquad ② \ \overline{z_1 \cdot z_2}=\overline{z}_1 \cdot \overline{z}_2 \qquad ③ \ \overline{\left(\frac{z_1}{z_2}\right)}=\frac{\overline{z}_1}{\overline{z}_2} \quad (z_2 \neq 0)$$

が成り立つ。

例）$z_1=2+3i,\quad z_2=1-4i$ のとき、

$$\overline{z_1 \cdot z_2}=\overline{(2+3i)(1-4i)}=\overline{14-5i}=14+5i$$
$$\overline{z}_1 \cdot \overline{z}_2=\overline{(2+3i)}\cdot\overline{(1-4i)}=(2-3i)\cdot(1+4i)=14+5i$$

より、$\overline{z_1 \cdot z_2}=\overline{z}_1 \cdot \overline{z}_2$ が成り立つ。

3．4　複素数の極形式表示

複素数 $z=a+bi$ の絶対値 $|z|$ を r で表し、原点 0 から点 z =(a, b) に向かう線と実軸とが作る角（偏角）を θ で表すとき、$a=r\cos\theta$ 、$b=r\sin\theta$ となるので、$z=r(\cos\theta+i\sin\theta)$ と表すことができる。複素数を絶対値と偏角で表現することを複素数 z の極形式表示という。

$$z=a+b\,i=r(\cos\theta+i\sin\theta)$$

$$|z|=r=\sqrt{a^2+b^2}\ , \quad \theta=\arg z=\tan^{-1}\frac{b}{a}$$

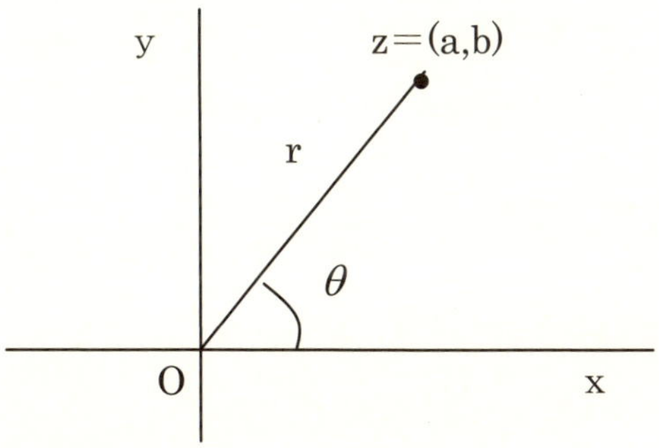

図　3．2

例）複素数$z=1+i$を極形式で表すと、

$$z=1+i=\sqrt{2}\left(\frac{1}{\sqrt{2}}+\frac{1}{\sqrt{2}}i\right)=\sqrt{2}\left(\cos\frac{\pi}{4}+i\sin\frac{\pi}{4}\right)$$

となる。

極形式で表した複素数z_1とz_2の積と商は次のように与えられる。

$$z_1\cdot z_2=r_1(\cos\theta_1+i\sin\theta_1)\cdot r_2(\cos\theta_2+i\sin\theta_2)=r_1\cdot r_2\{\cos(\theta_1+\theta_2)+i\sin(\theta_1+\theta_2)\}$$

$$|z_1\cdot z_2|=|z_1|\cdot|z_2|=r_1\cdot r_2$$

$$\arg(z_1\cdot z_2)=\arg z_1+\arg z_2=\theta_1+\theta_2$$

$$\frac{z_1}{z_2}=\frac{r_1(\cos\theta_1+i\sin\theta_1)}{r_2(\cos\theta_2+i\sin\theta_2)}=\frac{r_1}{r_2}\{\cos(\theta_1-\theta_2)+i\sin(\theta_1-\theta_2)\}$$

$$\left|\frac{z_1}{z_2}\right|=\frac{|z_1|}{|z_2|}=\frac{r_1}{r_2}$$

$$\arg\left(\frac{z_1}{z_2}\right)=\arg z_1-\arg z_2=\theta_1-\theta_2$$

このように２つの複素数の積（商）はそれぞれの絶対値の積（商）および偏角の和（差）で表される。また、共役複素数との間にはつぎの関係がある。

$$|\overline{z}|=|z|$$

$$\arg\overline{z}=-\arg z$$

３．５　複素数と指数関数

実数の場合に、関数e^xを級数の形（マクローリン級数）で表すと、

$$e^x=1+\frac{x}{1!}+\frac{x^2}{2!}+\frac{x^3}{3!}+\cdots$$

となる。指数が虚数の場合にも同様の級数が成り立つと定義すると、

$$e^{xi}=1+\frac{xi}{1!}+\frac{(xi)^2}{2!}+\frac{(xi)^3}{3!}+\frac{(xi)^4}{4!}+\cdots$$

と表すことができる。実部と虚部に分けて整理すると、

$$e^{xi} = \left(1 - \frac{x^2}{2!} + \frac{x^4}{4!} - \frac{x^6}{6!} + \cdots\right) + i\left(\frac{x}{1!} - \frac{x^3}{3!} + \frac{x^5}{5!} - \frac{x^7}{7!} + \cdots\right)$$

となる。ここで、実部、虚部の数列はそれぞれ $\cos x,\ \sin x$ のマクローリン級数の形になっているので、

$$e^{xi} = \cos x + i \sin x$$

を得ることができる。これをオイラーの公式という。

$z = a + bi$ を変数にもつ指数関数 $e^z = e^{a+ib} = e^a \cdot e^{ib}$ において、e^{ib} は絶対値が１で $\cos b + i \sin b$ の形で表される複素数なので、ｂを θ に置き換えた $e^{i\theta}$ との間には、$e^{\pm i\theta} = \cos\theta \pm i \sin\theta$ が成立する。すなわち、絶対値ｒ、偏角 θ をもつ複素数の指数関数形は、

$$r(\cos\theta + i\sin\theta) = re^{i\theta}$$

と与えられる。

このことから、極形式で表された複素数は、

$$z = r(\cos\theta + i\sin\theta) = r\,e^{i\theta},\quad \bar{z} = r(\cos\theta - i\sin\theta) = r\,e^{-i\theta}$$

のようにオイラーの公式により指数関数の形で表すことができる。

例）$z = 1 + i = \sqrt{2}\left(\frac{1}{\sqrt{2}} + \frac{1}{\sqrt{2}}i\right) = \sqrt{2}\left(\cos\frac{\pi}{4} + i\sin\frac{\pi}{4}\right)$ を指数表示すると、

$$\sqrt{2}\left(\cos\frac{\pi}{4} + i\sin\frac{\pi}{4}\right) = \sqrt{2}\,e^{i\frac{\pi}{4}}$$

となる。

３．６　ド・モアブルの定理

極形式で表された２つ複素数 $z_1 = \cos\theta_1 + i\sin\theta_1$、$z_2 = \cos\theta_2 + i\sin\theta_2$ の積は、

$$z_1 \cdot z_2 = \cos(\theta_1 + \theta_2) + i\sin(\theta_1 + \theta_2)$$

となり、複素数ｚの数が増えると、偏角 θ は $(\theta_1 + \theta_2 + \cdots + \theta_n)$ としだいに大きくなる。したがって、ｎが整数のとき、

$$\left(\cos\theta + i\sin\theta\right)^n = \cos n\theta + i\sin n\theta$$

となるので、一般的に$z = r\left(\cos\theta + i\sin\theta\right)$のとき、

$$z^n = \left\{r\left(\cos\theta + i\sin\theta\right)\right\}^n = r^n\left(\cos n\theta + i\sin n\theta\right)$$

となる。これをド・モアブルの定理という。

いま、n を正の数とすると、

$$\begin{aligned} z^{-n} &= \left\{r\left(\cos\theta + i\sin\theta\right)\right\}^{-n} = r^{-n}\left(\cos\theta + i\sin\theta\right)^{-n} \\ &= r^{-n}\left\{\cos\left(-n\theta\right) + i\sin\left(-n\theta\right)\right\} = r^{-n}\left\{\cos\left(n\theta\right) - i\sin\left(n\theta\right)\right\} \end{aligned}$$

となり、指数が負の数でも成り立つ。

この定理は、複素数の累乗や累乗根を知りたいときしばしば使用される。

例）$\left(1+\sqrt{3}i\right)^{10}$を計算する。$\left(1+\sqrt{3}i\right) = 2\left(\cos\frac{\pi}{3} + i\sin\frac{\pi}{3}\right)$より

$$\begin{aligned} \left(1+\sqrt{3}i\right)^{10} &= \left\{2\left(\cos\frac{\pi}{3} + i\sin\frac{\pi}{3}\right)\right\}^{10} \\ &= 2^{10}\left(\cos 10\frac{\pi}{3} + i\sin 10\frac{\pi}{3}\right) = 2^{10}\left(-\frac{1}{2} - i\frac{\sqrt{3}}{2}\right) = -2^9\left(1+\sqrt{3}\right) \end{aligned}$$

と計算できる。

指数関数の積についての指数の加法定理は複素指数の場合にも適用される。

$$\begin{aligned} e^{z_1}\cdot e^{z_2} &= e^{x_1+y_1 i}\cdot e^{x_2+y_2 i} = e^{x_1}\left(\cos y_1 + i\sin y_1\right)e^{x_2}\left(\cos y_2 + i\sin y_2\right) \\ &= e^{x_1}e^{x_2}\left[\cos\left(y_1+y_2\right) + i\sin\left(y_1+y_2\right)\right] \\ &= e^{\left(x_1+x_2\right)+i\left(y_1+y_2\right)} \end{aligned}$$

３．７　複素数のｎ乗根（根号を開く）

複素数αのｎ乗根とは、$z^n = \alpha$のようにｎ乗してもとの数αになる複素数ｚのことをいう。

まず、$z^n = 1$の方程式の解について考える。n=4 を例にすると、$z = \pm 1$の２つの解が実軸上にあることは明らかであるが、他の２つの解$z = \pm i$は虚軸上にある。さ

らにｎを増やしてゆくと１のｎ乗根は半径１の円に内接する正ｎ角形を形作ることになる。

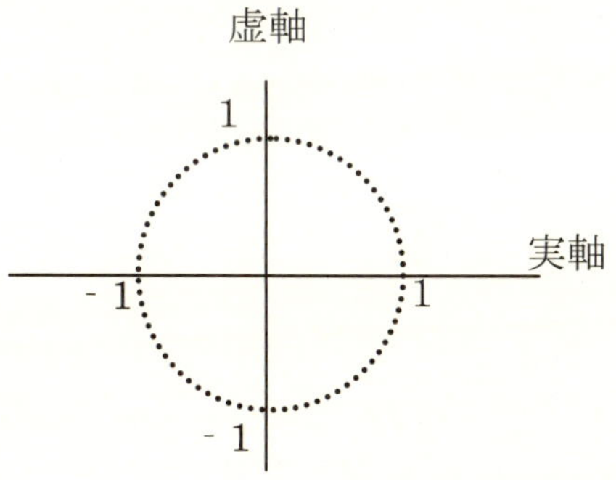

図　３．３

つぎに、$\alpha = a + bi$ と置いてαのｎ乗根を求める。

まず、αを極形式 $\alpha = r\{\cos(\theta + 2n\pi) + i\sin(\theta + 2n\pi)\}$ を用いて表す。

$z = \sqrt[n]{\alpha} = \sqrt[n]{r(\cos(\theta + 2n\pi) + i\sin(\theta + 2n\pi))} = \rho(\cos\varphi + i\sin\varphi)$ と与えると、

$$\alpha = r(\cos(\theta + 2n\pi) + i\sin(\theta + 2n\pi)) = \rho^n(\cos\varphi + i\sin\varphi)^n$$
$$= \rho^n(\cos n\varphi + i\sin n\varphi)$$

より、$\rho = \sqrt[n]{r},\quad n\varphi = \theta + 2k\pi \quad (k = 0,1,2\cdot\cdot,n-1)$ となるので、

$$z = \sqrt[n]{\alpha} = \sqrt[n]{r}\left(\cos\frac{\theta + 2k\pi}{n} + i\sin\frac{\theta + 2k\pi}{n}\right)$$

となる。すなわち、ｚのｎ乗根は、絶対値が $\rho = \sqrt[n]{r}$ の半径を有する円上に正ｎ角形を描く形で与えられる。

別解　　$\alpha = r\{\cos(\theta + 2n\pi) + i\sin(\theta + 2n\pi)\} = re^{i(\theta + 2n\pi)}$ と置く。

$$z = \alpha^{\frac{1}{n}} = \left(re^{i(\theta + 2n\pi)}\right)^{\frac{1}{n}} = r^{\frac{1}{n}}e^{i\frac{\theta + 2k\pi}{n}}$$
$$= r^{\frac{1}{n}}\left(\cos\frac{\theta + 2k\pi}{n} + i\sin\frac{\theta + 2k\pi}{n}\right)$$

例） $z^3=1+i$ を解く。

$z=r(\cos\theta+i\sin\theta)$ とすると、$1+i=\sqrt{2}\left(\cos\frac{\pi}{4}+i\sin\frac{\pi}{4}\right)$ より

$$z^3=r^3(\cos 3\theta+i\sin 3\theta)=\sqrt{2}\left(\cos\frac{\pi}{4}+i\sin\frac{\pi}{4}\right)$$

となり、

$$r^3=\sqrt{2},\quad 3\theta=\frac{\pi}{4}+2k\pi\quad(k=0,1,2)$$

が得られる。したがって、zは、

$$z_1=2^{\frac{1}{6}}\left(\cos\frac{\pi}{12}+i\sin\frac{\pi}{12}\right),$$

$$z_2=2^{\frac{1}{6}}\left(\cos\frac{3\pi}{4}+i\sin\frac{3\pi}{4}\right),$$

$$z_3=2^{\frac{1}{6}}\left(\cos\frac{17\pi}{12}+i\sin\frac{17\pi}{12}\right)$$

となる。

３．８　複素数の対数

複素数 $z=r(\cos\theta+i\sin\theta)$ の対数とはどんなものであろうか？

$log\left[r(\cos\theta+i\sin\theta)\right]=a+bi$ とおくと、これは、$e^{(a+bi)}=r(\cos\theta+i\sin\theta)$ と同値である。ここで、$e^{(a+bi)}=e^a e^{ib}=e^a(\cos b+i\sin b)$ であるので、両者の対応関係より、

$$e^a=r,\qquad b=\theta+2k\pi\qquad(k=\pm1,\pm2,\cdots)$$

が得られる。これより、$a=log\,r,\quad b=\theta+2k\pi$ となり、

$$\log\left[r(\cos\theta+i\sin\theta)\right]=\log r+(\theta+2k\pi)i$$

が求める複素数の対数である。すなわち、複素数の自然対数は、実部がその絶対値の自然対数で、虚部がその偏角となる複素数になる。複素数の自然対数は、無限個の値を持つことになる。

例） $1+i$ の対数の場合、その絶対値は、$\sqrt{2}$ で、偏角は $\dfrac{\pi}{4}$ になるので、

$$\log(1+i)=\log\sqrt{2}+\left(\frac{\pi}{4}+2k\pi\right)i \quad (k=0,\pm1,\pm2,\cdots)$$

となる。

さらに、$u\neq0,$ v を二つの複素数として、対数を用いて複素数の複素数乗が

$$u^v=e^{v\log u}$$

と定義されている。$\log u$ は無限個の値を持つので、u^v も無限個の値を持つことになる。

3．9　複素数の関数

（1）複素関数とは

複素平面上の領域Ｄ内の複素数ｚに対して、領域Ｗ内の複素数ｗを割り当てることを、

$$w=f(z)$$

と書く。この割り当ての規則 $f(z)$ を複素関数という。ここで、領域Ｄを $f(z)$ の定義域とよび、Ｄ内で変化するｚを複素変数と呼ぶ。ｗは $z=x+yi$ の関数なので、$w=u+vi$ と書くと、

$$w=f(z)=u(x,y)+v(x,y)i$$

と書くことができる。これは、複素関数 $f(z)$ が２つの変数ｘ，ｙの関数である $u(x,y)$、$v(x,y)$ と同等であることを示している。

例） $w=f(z)=z^2+2z$ とする。$z=2+3i$ に対してｗを計算する。

$$\begin{aligned}w=f(z)=z^2+2z&=(x+yi)^2+2(x+yi)\\&=x^2-y^2+2x+2(xy+y)i\end{aligned}$$

より、

$$u(x,y)=x^2-y^2+2x\text{、}v(x,y)=2(xy+y)$$

なので、$u(2,3)=-1$　$v(2,3)=18$ より、$w=-1+18i$ となる。

（2）複素関数の極限と連続性

関数$w=f(z)$がｚ$_0$の近傍で定義され、すべてのｚがｚ$_0$に近づくとき、$f(z)$がｍに近づくとき、すなわち、

$$\lim_{z\to z_0} f(z)=m$$

を満たせば、$f(z)$はｚがｚ$_0$に近づくとき、極限ｍを持つという。

この極限値はすべての正の実数ε に対して、$|z-z_0|<\delta$内のすべての$z\neq z_0$に対して、

$$|f(z)-m|<\varepsilon$$

を満たす正の実数δを見いだすことができること、すなわち、（ｘ，ｙ）平面の半径δの円内のすべての$z\neq z_0$に対して、$f(z)$の値が、（ｕ，ｖ）平面の半径ε の円内にあることを意味している。

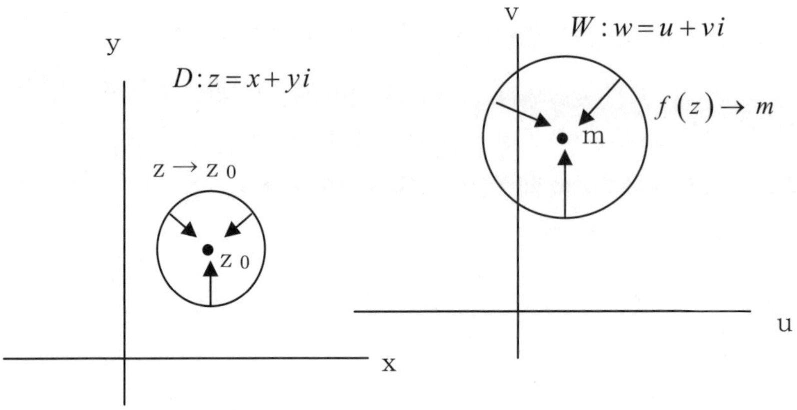

図　３．４

もし、極限が存在すれば、それはただひとつである。したがって、関数$f(z)$は、もし$f(z_0)$が定義されて、$\lim_{z\to z_0} f(z)=f(z_0)$ならば、$z=z_0$で連続であるという。また、関数$f(z)$が領域Ｄのすべての点で連続であるならば、$f(z)$は領域で連続であるという。

4．大きさと方向を持つ数（ベクトル）

4．1　ベクトルとは

自然現象や社会現象を捉える際に使用される量の概念には、大きさだけで決まる量と量の大きさとその向きによって決まる量がある。前者には温度や照度などがありこれをスカラー量という。後者には力や速度などがありこれをベクトル量という。

ベクトル量（以後は単にベクトルという）を表す方法として、向き（矢印）の付いた線分が用いられる（有向線分)。有向線分 AB で表されるベクトルを記号では $\overrightarrow{AB}$ と書く。ベクトルの始まり A を始点、終わり B を終点といい、$\overrightarrow{AB}$ の大きさを $\left|\overrightarrow{AB}\right|$ で表す。始点を平面あるいは空間で自由にとったベクトルを自由ベクトルという。ベクトルは $\overrightarrow{AB}$ のほかに、**a**、$\vec{a}$ のような記号で表す場合もある。

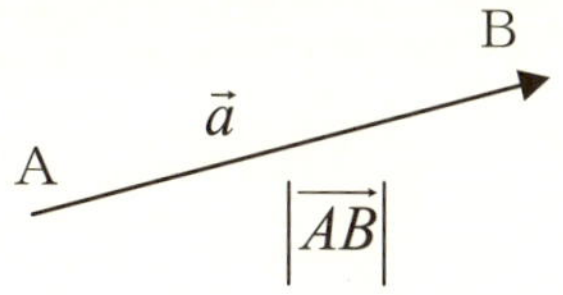

図　4．1

ベクトルは大きさと向きを持っているので、2 つのベクトル $\vec{a}$, $\vec{b}$ が等しくなるのは、それぞれのベクトルの大きさと方向が等しい場合であり、$\vec{a}=\vec{b}$ と書く。この場合、始点の位置には無関係である。

4．2　ベクトルの演算

（1）和と差およびスカラー倍

2 つのベクトル、$\vec{a}$, $\vec{b}$ に対して $\overrightarrow{OA}=\vec{a}$ 、$\overrightarrow{AB}=\vec{b}$ となるように、O，A，B を選んで、

$$\vec{a}+\vec{b}=\overrightarrow{OB}$$

とする。これを $\vec{a}$, $\vec{b}$ の和という。

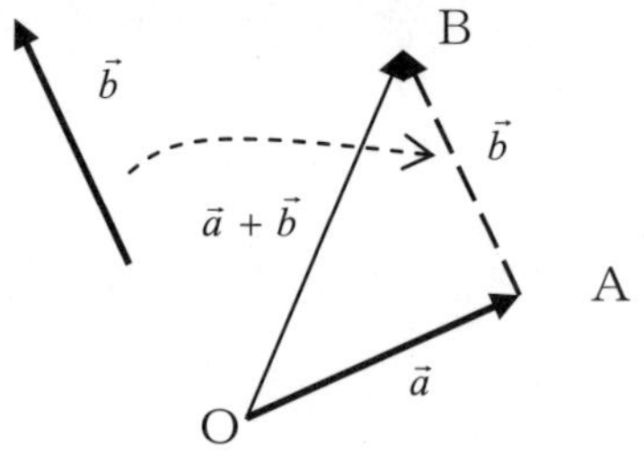

図　4．2

また、2 つのベクトル、$\vec{a}$, $\vec{b}$ に対して、$\overrightarrow{OB}=\vec{b}$ 、$\overrightarrow{BA'}=-\vec{a}$ となるように、O, B, A' を選んで、

$$\vec{b}-\vec{a}=\vec{b}+(-\vec{a})$$

とする。すなわち、もとのベクトルの逆方向のベクトルの和をベクトル$\vec{a}$, $\vec{b}$ の差と定義する。差のベクトルは、ベクトル$\vec{a}$ の始点をOにあわせたときの終点をA''とすると、

$$\vec{b}-\vec{a}=\overrightarrow{OB}-\overrightarrow{OA''}=\overrightarrow{A''B}$$

の形でも求めるこができる。

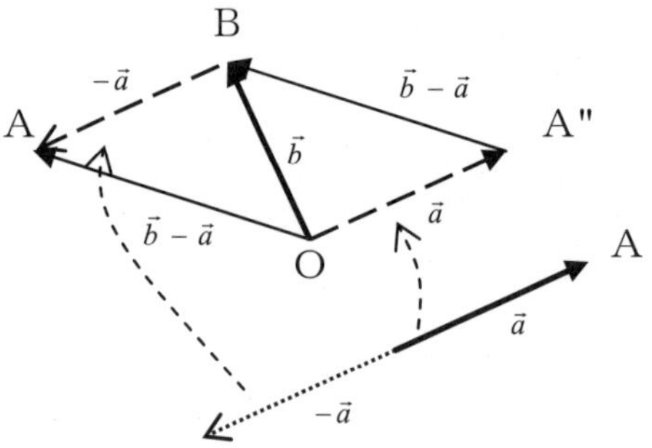

図　4．3

ベクトル$\vec{a}\,(\vec{a}\neq 0)$と実数 k に対して、$\vec{a}$の k 倍を$\vec{a}$のスカラー倍といい、k の値によって、次のことを意味すると定義する。

①k >0 ならば、$\vec{a}$と同じ向きで大きさが k 倍のベクトル。

②k <0 ならば、$\vec{a}$と反対向きで大きさが$|k|$倍のベクトル。

③k＝0ならば、零ベクトル。

④$\vec{a}=0$ならば、すべてのkに対して、k $\vec{a}=0$と定義する。

（２）単位ベクトルと零ベクトル

大きさが１のベクトルを単位ベクトルという。ベクトル$\vec{a}$の大きさは$|\vec{a}|$なので、単位ベクトルは、

$$\vec{e}=\frac{\vec{a}}{|\vec{a}|}$$

と表される。

始点と終点が同一の点にあるベクトルを零ベクトルと定義する。零ベクトルに方向はない。

（３）位置ベクトルと成分表示

直交座標系において定点Oを決めたとき、任意の点Pに対して$\overrightarrow{OP}$の表すベクトルをPの位置ベクトルという。

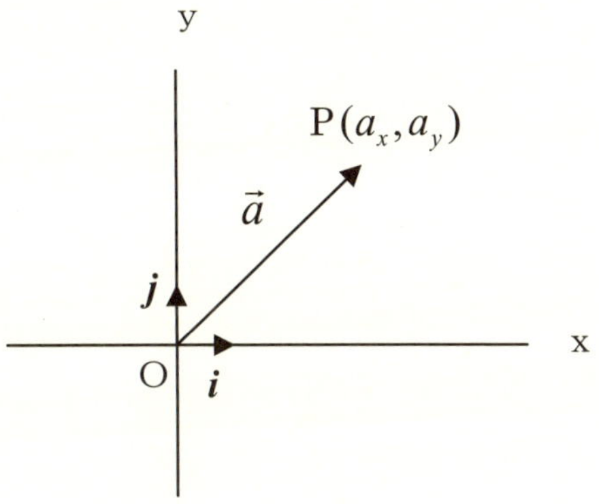

図　4．4

$\vec{a}$の位置ベクトルが$\overrightarrow{OP}$でPの座標が(a_x, a_y)のとき、

$$\overrightarrow{OP}=a_x\boldsymbol{i}+a_y\boldsymbol{j}$$

と表すことができる。ここでa_xをx成分、a_yをy成分と呼ぶ。軸方向に取った大きさ１の単位ベクトル$\boldsymbol{i}$、$\boldsymbol{j}$を座標軸に関する基本ベクトルという。

点 P の座標(a_x, a_y)を$\vec{a}$の成分表示といい、$\vec{a}=(a_x, a_y)$と書く。$\vec{a}$の大きさは絶対値とも呼び、$|\vec{a}|$と表し、x、y成分とは$|\vec{a}|=\sqrt{a_x^2+a_y^2}$の関係にある。

（4）ベクトルの内積

ベクトル$\vec{a}\,(\vec{a}\neq 0)$、$\vec{b}\left(\vec{b}\neq 0\right)$のなす角を$\theta$とするとき、$|\vec{a}|\left|\vec{b}\right|\cos\theta$を$\vec{a}$、$\vec{b}$の内積あるいはスカラー積とよび、$\vec{a}\cdot\vec{b}$または$\left(\vec{a},\vec{b}\right)$と書く。

$$\vec{a}\cdot\vec{b}=|\vec{a}|\left|\vec{b}\right|\cos\theta$$

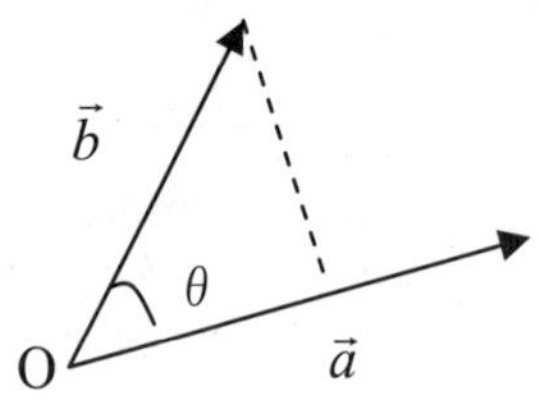

図　4．5

ここで、$\vec{a}$、$\vec{b}$のうち少なくとも一方が$\mathbf{0}$のとき、$\vec{a}\cdot\vec{b}=0$と定める。$\vec{a}=\vec{b}$の場合、$\vec{a}\cdot\vec{b}$は$\cos\theta=1$なので$\vec{a}\cdot\vec{b}=|\vec{a}|^2$となり、

$$\left|\vec{a}\right|=\sqrt{\vec{a}\cdot\vec{a}}$$

となる。

ベクトル$\vec{a}\,(\vec{a}\neq 0)$、$\vec{b}\left(\vec{b}\neq 0\right)$のとき、$\vec{a}\cdot\vec{b}=0$は$\cos\theta=0$より$\vec{a}$、$\vec{b}$が直交することを表す。すなわち、

$$\vec{a}\perp\vec{b}\ \Leftrightarrow\ \vec{a}\cdot\vec{b}=\mathbf{0}$$

となる。また、$\cos\theta=1$ $\left(\vec{a}\neq\vec{b}\right)$の場合、$\vec{a}$と$\vec{b}$は並行していることを表し、

$$\vec{a}\,/\!/\,\vec{b}\ \Leftrightarrow\ \vec{b}=m\vec{a}$$

となる。

$\vec{a}$、$\vec{b}$を成分$\left(a_x,a_y\right)$、$\left(b_x,b_y\right)$で表すと、

$$\vec{a}\cdot\vec{b}=\left(a_x\boldsymbol{i}+a_y\boldsymbol{j}\right)\cdot\left(b_x\boldsymbol{i}+b_y\boldsymbol{j}\right)=\left(a_x b_x+a_y b_y\right)$$

$$\vec{a}\cdot\vec{b}=|\vec{a}|\left|\vec{b}\right|\cos\theta$$

より、$\vec{a}=\left(a_x,a_y\right)$、$\vec{b}=\left(b_x,b_y\right)$のなす角は

$$\cos\theta=\frac{\vec{a}\cdot\vec{b}}{\left|\vec{a}\right|\left|\vec{b}\right|}=\frac{a_xb_x+a_yb_y}{\sqrt{a_x^2+a_y^2}\sqrt{b_x^2+b_y^2}}$$

と表される。

例題１）２つのベクトル$\vec{a}=\left(-\sqrt{3},1\right)$、$\vec{b}=\left(3,-\sqrt{3}\right)$のなす角$\left(0\leq\theta\leq\pi\right)$を求めよ。

例解）$\cos\theta=\dfrac{\vec{a}\cdot\vec{b}}{\left|\vec{a}\right|\left|\vec{b}\right|}=\dfrac{a_xb_x+a_yb_y}{\sqrt{a_x^2+a_y^2}\sqrt{b_x^2+b_y^2}}=\dfrac{-\sqrt{3}\cdot3-1\cdot\sqrt{3}}{\sqrt{3+1}\sqrt{9+3}}=\dfrac{-4\sqrt{3}}{2\cdot2\sqrt{3}}=-1$より、$\theta=\pi$となる。

（５）ベクトルの外積

平行でない２つのベクトル$\vec{a}$，$\vec{b}$があり、そのなす角をθとする。大きさが$\left|\vec{a}\right|\left|\vec{b}\right|\sin\theta$で表され、方向が$\vec{a}$から$\vec{b}$に回転するときの右ねじの進む向き（右手系）になるように$\vec{a}$，$\vec{b}$に垂直な第３のベクトル$\vec{c}$をとる。このベクトル$\vec{c}$のことを外積といい、$\vec{c}=\vec{a}\times\vec{b}$のように表す。

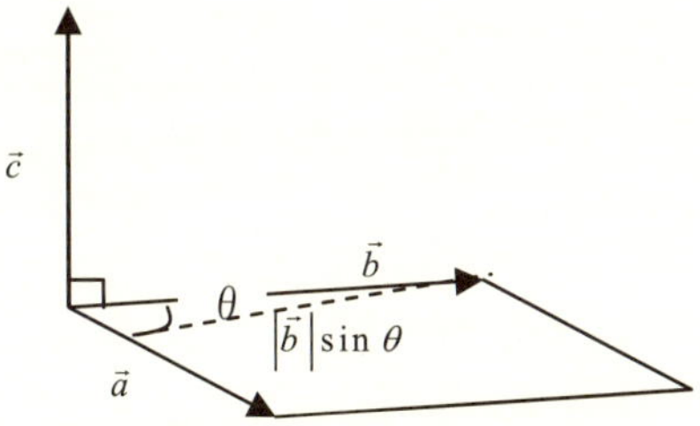

図　４．６

$\vec{a}$と$\vec{b}$の外積は成分で表すと、

$$\vec{a}\times\vec{b}=\left(a_x\boldsymbol{i}+a_y\boldsymbol{j}\right)\times\left(b_x\boldsymbol{i}\times b_y\boldsymbol{j}\right)=a_xb_y\boldsymbol{i}\times\boldsymbol{j}+a_yb_x\boldsymbol{j}\times\boldsymbol{i}$$

となるので、$\boldsymbol{i}\times\boldsymbol{j}=-\boldsymbol{j}\times\boldsymbol{i}=\boldsymbol{k}$（$\mathbf{k}$は$\vec{a}$，$\vec{b}$の双方に垂直な単位ベクトル）と置くと、第３のベクトル$\vec{c}$は、

$$\vec{c}=\vec{a}\times\vec{b}=\left(a_xb_y-a_yb_x\right)\boldsymbol{i}\times\boldsymbol{j}=\left(a_xb_y-a_yb_x\right)\boldsymbol{k}$$

となる。$\vec{a}$，$\vec{b}$の積の順序が逆になると、定義より、

$$\vec{c}=\vec{a}\times\vec{b}=-\vec{b}\times\vec{a}$$

となり、$\vec{c}$の方向は逆向きになる。

また、外積の大きさは、

$$\left|\vec{c}\right|=\left|\vec{a}\times\vec{b}\right|=\left|\vec{a}\right|\left|\vec{b}\right|\sin\theta$$

となるので、$\vec{a}$，$\vec{b}$ のなす角 θ は、

$$\sin\theta = \frac{\left|\vec{a}\times\vec{b}\right|}{\left|\vec{a}\right|\left|\vec{b}\right|}$$

と表される。

$\vec{a}=0$ または $\vec{b}=0$ もしくは $\vec{a}/\!/\vec{b}$ のとき、

$$\vec{a}\times\vec{b}=\mathbf{0}$$

と定義する。

例題２）２つのベクトル $\vec{a}=\left(-\sqrt{3},1\right)$、$\vec{b}=\left(3\sqrt{3},3\right)$ の外積を求めよ。
例解）　$\vec{c}=\vec{a}\times\vec{b}=\left(a_xb_y-a_yb_x\right)\boldsymbol{k}=\left(-3\sqrt{3}-3\sqrt{3}\right)\boldsymbol{k}=-6\sqrt{3}\,\boldsymbol{k}$ となる。　ここで、$\boldsymbol{k}$ は、$\boldsymbol{i}, \boldsymbol{j}$ のいずれにも垂直な基本ベクトルである（方向は $\vec{a}$ から $\vec{b}$ に回転したとき右ねじの進む方向）。

４．３　空間ベクトル

（１）方向余弦

Ｏを原点とする直交座標系を与え、直交座標系のｘ軸、ｙ軸、ｚ軸上にそれぞれ正の向きにとった基本ベクトル $\boldsymbol{i}, \boldsymbol{j}, \boldsymbol{k}$ をとる。座標系内のベクトル $\vec{a}$ に対して $\vec{a}$ ＝ $\overline{OA}$ なる点の座標を $\left(a_x, a_y, a_z\right)$ とすると、ベクトル $\vec{a}$ は、

$$\vec{a}=a_x\,\boldsymbol{i}+a_y\,\boldsymbol{j}+a_z\,\boldsymbol{k}$$

と表される。

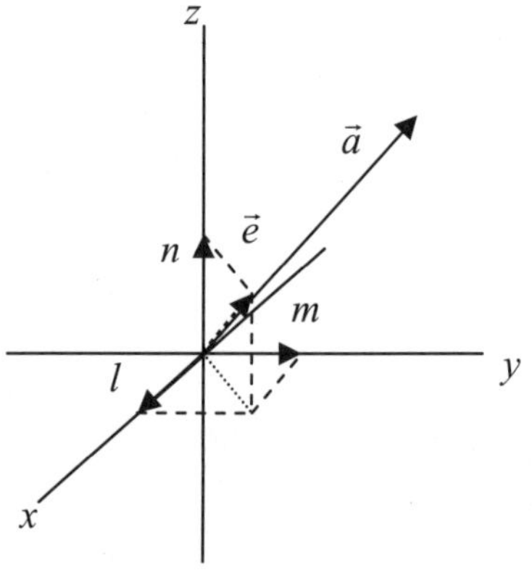

図　４．７

ここで、a_x, a_y, a_z をベクト… …といい、$\vec{a}=\left(a_x,a_y,a_z\right)$ を $\vec{a}$ の成分表示という。ま… …絶対値という。空間のベクトル $\vec{a}=\left(a_x,a_y,a_z\right)$ に対し… …の x, y, z 軸方向の成分は、

$$l=\frac{a_x}{\sqrt{a_x^2+a_y^2+a_z^2}} \quad \dots \quad =\frac{a_z}{\sqrt{a_x^2+a_y^2+a_z^2}}$$

となる。このとき、$(l,m,n$ … 方向余弦という。ベクトル $\vec{a}$ と x, y, z 軸の正の向き… …ると、

l …

である。単位ベクトルの細…

が成り立つ。

例題３）２つのベクトル $\vec{a}$ … $\boldsymbol{k}$ について、$\vec{a}$，$\vec{b}$ それぞれの単位ベクトルおよび … 求めよ。

例解）単位ベクトルは $\left|\vec{a}\right|=\sqrt{2^2+(-4)^2+5^2}=3\sqrt{5}$，$\left|b\right|=\sqrt{(-1)^2+2^2+(-2)^2}=\sqrt{5}$

なので、$\vec{e}_a=\dfrac{2}{3\sqrt{5}}\boldsymbol{i}-\dfrac{4}{3\sqrt{5}}\boldsymbol{j}+\dfrac{5}{3\sqrt{5}}\boldsymbol{k}$，$\vec{e}_b=-\dfrac{1}{\sqrt{5}}\boldsymbol{i}+\dfrac{2}{\sqrt{5}}j-\dfrac{2}{\sqrt{5}}\boldsymbol{k}$ となる。

また、$\vec{a}+\vec{b}$ に平行な単位ベクトルを $\vec{c}$ とすると、平行条件より、

$\vec{c}=m\left(\vec{a}+\vec{b}\right)=m(1,-2,3)$ となり、さらに、単位ベクトルなので $\left|\vec{c}\right|=1$ より、

$\left|\vec{c}\right|^2=m^2+4m^2+9m^2=1$ となり、$m=\pm\dfrac{1}{\sqrt{14}}$ を得る。

したがって、平行な単位ベクトルは、$\vec{c}=\pm\dfrac{1}{\sqrt{14}}(1,-2,3)$ となる。

（２）ベクトルの内積

空間ベクトル $\vec{a}$，$\vec{b}$ のなす角を θ とするとき、

$$\vec{a}\cdot\vec{b}=\left|\vec{a}\right|\left|\vec{b}\right|\cos\theta$$

を $\vec{a}$, $\vec{b}$ の内積あるいはスカラー … も、$\vec{a}$, $\vec{b}$ が
いずれも零ベクトルでないとき $\vec{a}\cdot\vec{b}$ …

$$\vec{a}\perp\vec{b}$$

の関係にある。

また、$\vec{a}$, $\vec{b}$ のなす角を θ 、$\vec{a}$, $\vec{b}$ の成分 … とすると、

$$\vec{a}=a_x\boldsymbol{i}+a_y\boldsymbol{j}+a_z\boldsymbol{k}, \quad \vec{b}=b_x\boldsymbol{i} \ldots$$

なので、

$$\vec{a}\cdot\vec{b}=a_xb_x+a_yb_y+a_zb_z$$

より、

$$\cos\theta=\frac{\vec{a}\cdot\vec{b}}{|\vec{a}||\vec{b}|}=\frac{a_xb_x+a_yb_y+a_zb_z}{\sqrt{a_x^{\ 2}+a_y^{\ 2}+a_z^{\ 2}}\sqrt{b_x^{\ 2}+b_y^{\ 2}+b_z^{\ 2}}}$$

となる。

例題4）2つのベクトル $\vec{a}=2i-4j+5k$, $\vec{b}=-i+2j-2k$ について、$\vec{a}$, $\vec{b}$ の内積およびなす角を求めよ。

例解）内積は、$\vec{a}\cdot\vec{b}=2\cdot(-1)+(-4).2+5\cdot(-2)=-20$ となる。なす角は、

$$\cos\theta=\frac{\vec{a}\cdot\vec{b}}{|\vec{a}||\vec{b}|}=\frac{2\cdot(-1)+(-4)\cdot2+5\cdot(-2)}{\sqrt{2^2+(-4)^2+5^2}\sqrt{(-1)^2+2^2+(-2)^2}}=\frac{-20}{3\sqrt{5}\cdot3}=-\frac{2\sqrt{5}}{9\sqrt{5}}=-\frac{2}{9}$$ より、

$\cos\theta=-\frac{2}{9}$ となる角 θ （$\theta=\cos^{-1}\left(-\frac{2}{9}\right)$ と表記する）。

（3）ベクトルの外積

平行でない 2 つのベクトル $\vec{a}$, $\vec{b}$ に対して、ベクトル $\vec{a}$, $\vec{b}$ のなす角を θ とするとき、平面の場合と同様に以下の条件を満たすように第 3 のベクトル $\vec{c}$ を定める。

①大きさは、$\vec{a}$, $\vec{b}$ を隣り合う平行四辺形の面積 $|\vec{a}||\vec{b}|\sin\theta$ で表す。

②方向は、$\vec{a}$ および $\vec{b}$ に垂直なベクトルで $\vec{a}$ から $\vec{b}$ に回転するとき右ねじの進む向きとする。(平面ベクトルの外積参照)

このベクトル $\vec{c}$ を $\vec{a}$ と $\vec{b}$ の外積といい、積の順序を考慮すると

$$\vec{c}=\vec{a}\times\vec{b}=-\vec{b}\times\vec{a}$$

のように表される。

また、$\vec{a}=\mathbf{0}$ または $\vec{b}=\mathbf{0}$ もしくは $\vec{a}/\!/\vec{b}$ のとき、$\vec{a}\times\vec{b}=\mathbf{0}$ と定義する。

$\vec{a}$ と $\vec{b}$ のなす角も平面の場合と同様に、$|\vec{c}|=|\vec{a}\times\vec{b}|=|\vec{a}||\vec{b}|\sin\theta$ より、

$$\sin\theta=\frac{|A\times B|}{|A||B|}$$

と表される。

外積を成分表示すると、基本ベクトルは、

$\boldsymbol{i}\times\boldsymbol{i}=\mathbf{0},\quad \boldsymbol{j}\times\boldsymbol{j}=\mathbf{0},\quad \boldsymbol{k}\times\boldsymbol{k}=\mathbf{0}$ であり、$\boldsymbol{i}\times\boldsymbol{j}=\mathbf{k},\quad \boldsymbol{j}\times\boldsymbol{k}=\mathbf{i},\quad \boldsymbol{k}\times\boldsymbol{i}=\mathbf{j}$ の関係になるので、

$$\begin{aligned}\vec{a}\times\vec{b}&=\left(a_x\boldsymbol{i}+a_y\boldsymbol{j}+a_z\boldsymbol{k}\right)\left(b_x\boldsymbol{i}+b_y\boldsymbol{j}+b_z\boldsymbol{k}\right)\\&=\left(a_yb_z-a_zb_y\right)\boldsymbol{i}+\left(a_zb_x-a_xb_z\right)\boldsymbol{j}+\left(a_xb_y-a_yb_x\right)\boldsymbol{k}\end{aligned}$$

となり、行列式を使用すると、

$$\vec{a}\times\vec{b}=\begin{vmatrix}\boldsymbol{i}&\boldsymbol{j}&\boldsymbol{k}\\a_x&a_y&a_z\\b_x&b_y&b_z\end{vmatrix}$$

と表すことができる。外積の場合の $\vec{a}$ と $\vec{b}$ のなす角を成分表示すると、

$$\sin\theta=\frac{\sqrt{\left(a_yb_z-a_zb_y\right)^2+\left(a_zb_x-a_xb_z\right)^2+\left(a_xb_y-a_yb_x\right)^2}}{\sqrt{a_x{}^2+a_y{}^2+a_z{}^2}\cdot\sqrt{b_x{}^2+b_y{}^2+b_z{}^2}}$$

と表すことができる。

例題5）2 つのベクトル $\vec{a}=2i-4j+5k,\ \ \vec{b}=4i+3j-k$ について、$\vec{a}$，$\vec{b}$ の外積を求めよ。

例解）外積は、

$$\begin{aligned}\vec{a}\times\vec{b}&=\left(a_yb_z-a_zb_y\right)\boldsymbol{i}+\left(a_zb_x-a_xb_z\right)\boldsymbol{j}+\left(a_xb_y-a_yb_x\right)\boldsymbol{k}\\&=\left((-4)\cdot(-1)-5\cdot3\right)\boldsymbol{i}+\left(5\cdot4-2\cdot(-1)_z\right)\boldsymbol{j}+\left(2\cdot3-(-4)\cdot4\right)\boldsymbol{k}\\&=-11\,\boldsymbol{i}+22\,\boldsymbol{j}+22\,\boldsymbol{k}\end{aligned}$$

となる。また行列式では、$\vec{a}\times\vec{b}=\begin{vmatrix} \boldsymbol{i} & \boldsymbol{j} & \boldsymbol{k} \\ 2 & -4 & 5 \\ 4 & 3 & -1 \end{vmatrix}$ と表される。

（4）空間内のベクトルの相互関係

m個のベクトル $\vec{a}_1$、$\vec{a}_2$、…、$\vec{a}_m$ が与えられたとき、

$$\vec{b}=k_1\vec{a}_1+k_2\vec{a}_2+\cdots+k_m\vec{a}_m$$

と表されるベクトル $\vec{b}$ をベクトル $\vec{a}_1,\vec{a}_2,\cdots,\vec{a}_m$ の一次結合という。

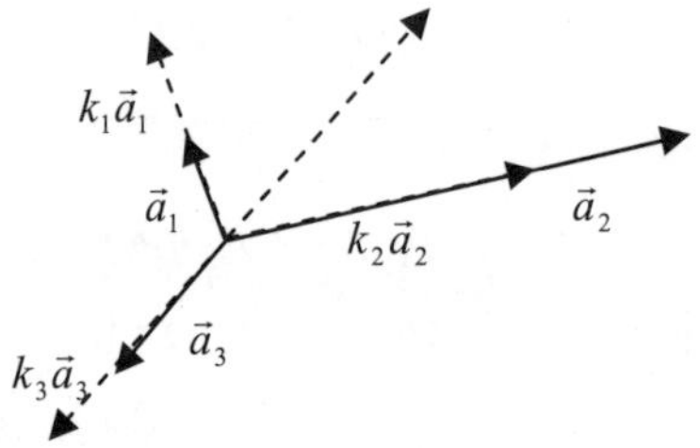

図 4．8

ベクトル $\vec{a}_1,\vec{a}_2,\cdots,\vec{a}_m$ の一次結合に対して、

$$k_1\vec{a}_1+k_2\vec{a}_2+\cdots+k_m\vec{a}_m=\mathbf{0}$$

が成り立つような、同時に 0 でない $k_1,k_2,\cdots,k_m$ が存在するとき、$\vec{a}_1,\vec{a}_2,\cdots,\vec{a}_m$ は一次従属であるという。また、同じ一次結合で、$k_1=0,k_2=0,\cdots,k_m=0$ の時に限って成り立つとき、$\vec{a}_1,\vec{a}_2,\cdots,\vec{a}_m$ は一次独立であるという。定義より、一次独立なベクトルは始点を一致させたとき、同一平面状にないことを意味し、任意のベクトル $\vec{c}$ に対して、

$$\vec{c}=p_1\vec{a}_1+p_2\vec{a}_2+\cdots+p_m\vec{a}_m$$

の一通りに表すことができる。したがって、また、

$$\lambda_1\vec{a}_1+\lambda_2\vec{a}_2+\cdots+\lambda_m\vec{a}_m=\mu_1\vec{a}_1+\mu_2\vec{a}_2+\cdots+\mu_m\vec{a}_m$$

ならば、

$$\lambda_1=\mu_1,\lambda_2=\mu_2,\lambda_3=\mu_3$$

が成立する。

4．4　空間図形とベクトル方程式

（1）直線

点A (a_x, a_y, a_z) を通り、ベクトル $\vec{b}$ に平行な直線を g とする。直線上に任意の点 $P(x, y, z)$ をとり、A点およびP点の位置ベクトルを $\overrightarrow{OA}=\vec{a}$ 、$\overrightarrow{OP}=\vec{p}$ とすると、

$$\vec{p}=\vec{a}+t\,\vec{b}$$

の関係が得られる。この関係を直線 g のベクトル方程式といい、$\vec{b}$ を方向ベクトルという。

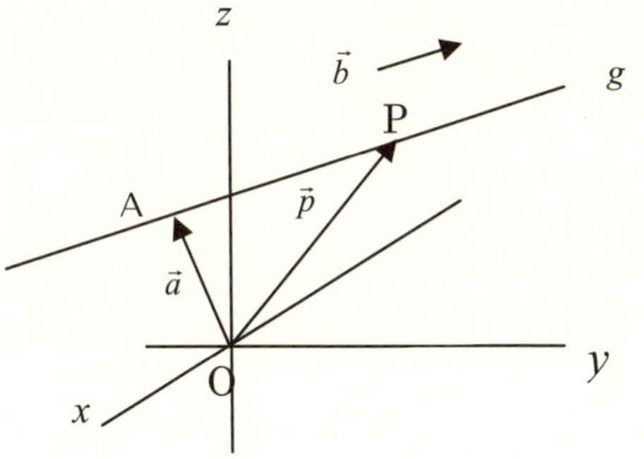

図　4．9

ここで、$\vec{p}=(x, y, z)$、$\vec{a}=(a_x, a_y, a_z)$、$\vec{b}=(x_0, y_0, z_0)$ と成分表示すると、

$$\begin{cases} x = a_x + x_0\,t \\ y = a_y + y_0\,t \\ z = a_z + z_0\,t \end{cases}$$

の関係が得られる。これは直線 g の t を媒介変数とする媒介変数表示である。これらから t を消去し、$x_0 \neq 0,\ y_0 \neq 0,\ z_0 \neq 0$ とすると、直線の方程式として、

$$\frac{x-a_x}{x_0}=\frac{y-a_y}{y_0}=\frac{z-a_z}{z_0}$$

が得られる。

媒介変数表示

曲線がひとつの変数、例えば t によって、$x=f(t),\quad y=g(t)$ の形で表されたとき、

これを曲線の媒介変数表示という。

例） $\begin{cases} x = 2t^2 \\ y = 4t \end{cases}$ $\begin{cases} x = a\cos\theta \\ y = a\sin\theta \end{cases}$ などで、変数は t に限らない。

方向ベクトルは方向余弦で表すことができるので、$\vec{b} = (x_0, y_0, z_0)$ の方向余弦が (l, m, n) ならば、直線の方程式は、

$$\frac{x - a_x}{l} = \frac{y - a_y}{m} = \frac{z - a_z}{n} \qquad (l \cdot m \cdot n \neq 0)$$

と表すことができる。すなわち、ある直線 g が方向ベクトル $\vec{b}$ に平行なとき、$\vec{b}$ の方向余弦 (l, m, n) は直線 g の方向余弦でもある。

注） $l \cdot m \cdot n = 0$ のとき、例えば、$l = 0$ のとき、$x = a_x$, $\dfrac{y - a_y}{m} = \dfrac{z - a_z}{n}$ となる。

例題６） 点 $(4, -1, 3)$ を通り、方向ベクトル $(2, 1, 3)$ を持つ直線の方程式を求めよ。

例解） $\dfrac{x - a_x}{x_0} = \dfrac{y - a_y}{y_0} = \dfrac{z - a_z}{z_0}$ より、$\dfrac{x - 4}{2} = \dfrac{y + 1}{1} = \dfrac{z - 3}{3}$ となる。

（２）直線の位置関係

直線は空間の１点と方向ベクトルによって決まるので、２直線の位置関係（平行、垂直、なす角）は、方向ベクトルの関係によって決まる。

方向ベクトルが、$\vec{l_1} = (l, m, n)$ および $\vec{l_2} = (p, q, r)$ の２直線について、平行は、

$$\vec{l_1} \,/\!/\, \vec{l_2} \Leftrightarrow \vec{l_2} = k\vec{l_1}$$

の関係にある。また、$\vec{l_2} = k\vec{l_1}$ から、$\vec{l_2} = (p, q, r) = k(l, m, n)$ なので、

$$\vec{l_2} = k\vec{l_1} \Leftrightarrow \frac{p}{l} = \frac{q}{m} = \frac{r}{n} \qquad (k \neq 0,\ l \cdot m \cdot n \neq 0,\ p \cdot q \cdot r \neq 0)$$

となる。

垂直は、

$$\vec{l_1} \perp \vec{l_2} \Leftrightarrow \vec{l_1} \cdot \vec{l_2} = 0$$

の関係にある。これを成分で表すと、$lp+mq+nr=0$ となる。

直線 $\vec{l_1}$、$\vec{l_2}$ のなす角は、内積の定義より、

$$\cos\theta=\frac{\vec{l_1}\cdot\vec{l_2}}{\left|\vec{l_1}\right|\left|\vec{l_2}\right|}=\frac{lp+mq+nr}{\sqrt{l^2+m^2+n^2}\cdot\sqrt{p^2+q^2+r^2}}$$

から求めることができる。

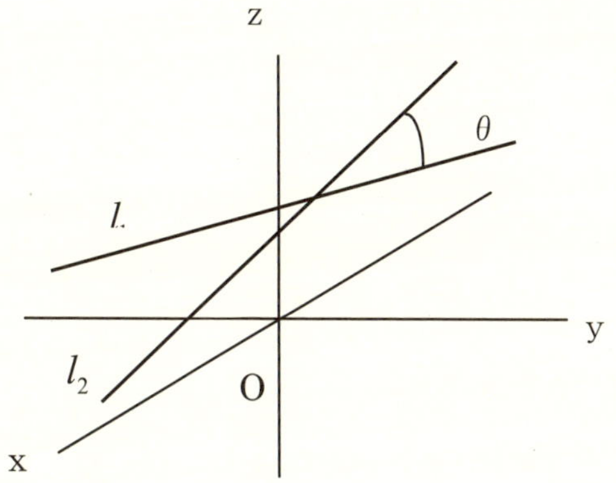

図　4．10

例題7）次の2直線のなす角を求めよ。

$$\frac{x-1}{2}=3-y=\frac{z}{3},\quad x=\frac{y-2}{3}=\frac{1-z}{2}$$

例解）与式は、$\dfrac{x-1}{2}=\dfrac{y-3}{-1}=\dfrac{z}{3},\quad \dfrac{x}{1}=\dfrac{y-2}{3}=\dfrac{z-1}{-2}$ と書き換えられるので、

$$\cos\theta=\frac{\vec{l_1}\cdot\vec{l_2}}{\left|\vec{l_1}\right|\left|\vec{l_2}\right|}=\frac{2\cdot1+(-1)\cdot3+3\cdot(-2)}{\sqrt{2^2+(-1)^2+3^2}\cdot\sqrt{1^2+3^2+(-2)^2}}=\frac{-1}{\sqrt{14}\cdot\sqrt{14}}=-\frac{1}{14}$$ より、

$\cos\theta=-\dfrac{1}{14}$ となる角 θ （$\theta=\cos^{-1}\left(-\dfrac{1}{14}\right)$ と書く）

（3）平面

点 $A\left(a_x,a_y,a_z\right)$ を通り、ベクトル $\vec{n}=\left(x_0,y_0,z_0\right)$ に垂直な平面 α の方程式は、平面上の任意の点 $P\ (x,y,z)$ の位置ベクトルを $\overrightarrow{OP}=\vec{p}$、点Aの位置ベクトルを $\overrightarrow{OA}=\vec{a}$ とすると、$\overrightarrow{AP}\perp\vec{b}$ の条件より、

$$(\vec{p}-\vec{a})\cdot\vec{n}=0$$

が平面のベクトル方程式である。

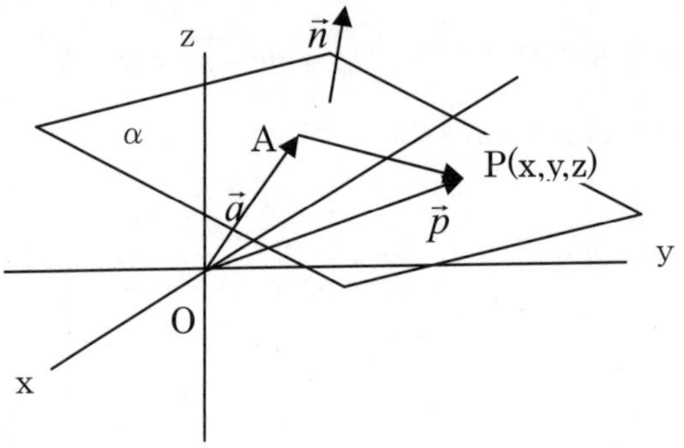

図　4．11

それぞれのベクトルを、$\vec{p}=(x,y,z)$、$\vec{a}=(a_x,a_y,a_z)$、$\vec{n}=(x_0,y_0,z_0)$ のように成分表示すると、

$$\vec{p}-\vec{a}=(x-a_x,y-a_y,z-a_z)$$

であるので、平面の方程式は、

$$x_0(x-a_x)+y_0(y-a_y)+z_0(z-a_z)=0$$

と表される。ここで、$\vec{n}=(x_0,y_0,z_0)$ を法線ベクトルという。さらに、x_0 と a_x 定数なので、整理すると、

$$x_0x+y_0y+z_0z+d=0 \quad d=(-x_0a_x-y_0a_y-z_0a_z)$$

と表される。

例題８）点 $(1,-1,1)$ を通り、法線ベクトル $\overline{n}=(1,2,3)$ に垂直な平面の方程式を求めよ。

例解）$1\cdot(x-1)+2\cdot(y+1)+3\cdot(z-1)=0$ より、$x+2y+3z=2$ となる。

（４）ヘッセの標準形と一点から平面までの距離

図 4.12 に示すように、平面αに原点Ｏから垂線ＯＨを引く。線分ＯＨの長さをｄとし、ベクトル $\overline{OH}$ と同じ方向の単位ベクトルを $\vec{h}=(l,m,n)$ とすると、(l,m,n) は垂線ＯＨの方向余弦である。平面α上に任意の点Ｐ (x,y,z) をとり、その位置ベクトルを $\vec{p}$ とし、$\vec{p}$ と $\vec{h}$ のなす角を θ とすれば、$\vec{p}\cdot\vec{h}=|\vec{p}||\vec{h}|\cos\theta=d$ が成り立つ。これは平面αのベクトル方程式である。平面上に任意の点Ｐ (x,y,z) をとり、$\vec{h}=(l,m,n)$ とすれば、平面αの方程式は、

$$lx+my+nz=d$$

と表される。これをヘッセの標準形という。

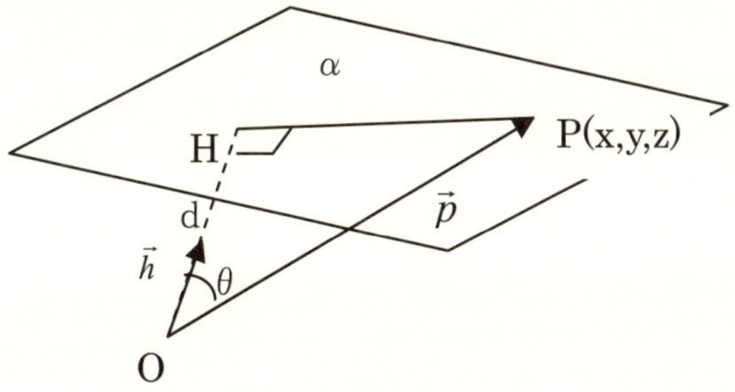

図 4．12

ここで、図 4.13 に示すように、点 $Q(q_x,q_y,q_z)$ と平面 $lx+my+nz+d=0$ との距離を求める。点 $Q(q_x,q_y,q_z)$ からこの平面に垂線 QR を引く。点 R の座標を (x_1,y_1,z_1) とすると、$\vec{n}$ と $\overrightarrow{QR}$ は平面に垂直なので、媒介変数 t を用いると、$\overrightarrow{QR}$ は、

$$\overrightarrow{QR}=(x_1-q_x,y_1-q_y,z_1-q_z)=t(l,m,n)$$

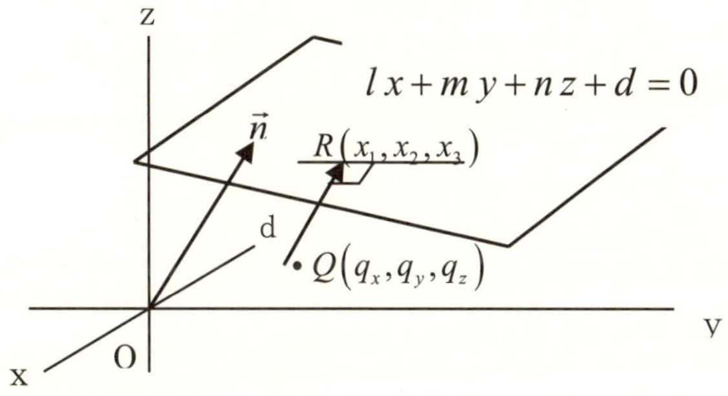

図 4．13

と表される。また、R は平面上にあるから、

$$l(q_x+tl)+m(q_y+tm)+n(q_z+tn)+d=0$$

$$\therefore\quad t=-\frac{(lq_x+mq_y+nq_z+d)}{l^2+m^2+n^2}$$

となり、線分 QR は、上記の t を表す式を利用して、

$$QR=|t|\sqrt{l^2+m^2+n^2}=\left|-\frac{(lq_x+mq_y+nq_z+d)}{l^2+m^2+n^2}\right|\cdot\sqrt{l^2+m^2+n^2}=\frac{|lq_x+mq_y+nq_z+d|}{\sqrt{l^2+m^2+n^2}}$$

となる。

例題9）点$(1,-1,1)$と平面$3x+2y+z+1=0$との距離を求めよ。

例解）$QR=\dfrac{|lq_x+mq_y+nq_z+d|}{\sqrt{l^2+m^2+n^2}}$より、$QR=\dfrac{3-2+1+1}{\sqrt{3^2+2^2+1^2}}=\dfrac{3}{\sqrt{14}}$となる。

（5）球面

点A(a_x,a_y,a_z) を中心とし、球面上の点P(x,y,z)とする。と、半径rが一定なので、$|\overrightarrow{AP}|=r$が成り立つ。したがって、

$$|\vec{p}-\vec{a}|=|\vec{r}|$$

が球面のベクトル方程式である。

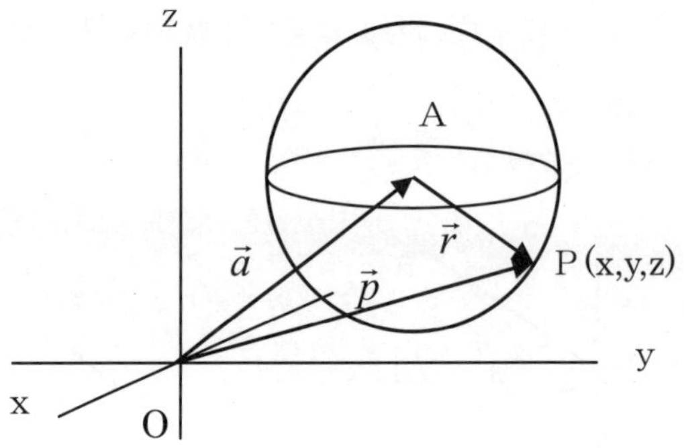

図　4．14

ここで、$\vec{p}=(x,y,z)$、$\vec{a}=(a_x,a_y,a_z)$と成分表示すると、

$|\vec{p}-\vec{a}|=\sqrt{(x-a_x)^2+(y-a_y)^2+(z-a_z)^2}$ であるので、球面の方程式は、

$$(x-a_x)^2+(y-a_y)^2+(z-a_z)^2=r^2$$

と表される。

（6）球面の接平面

点A(a_x,a_y,a_z) を中心とする球面があり、球面上の点P₁(x_1,y_1,z_1)で平面と接するものとする。

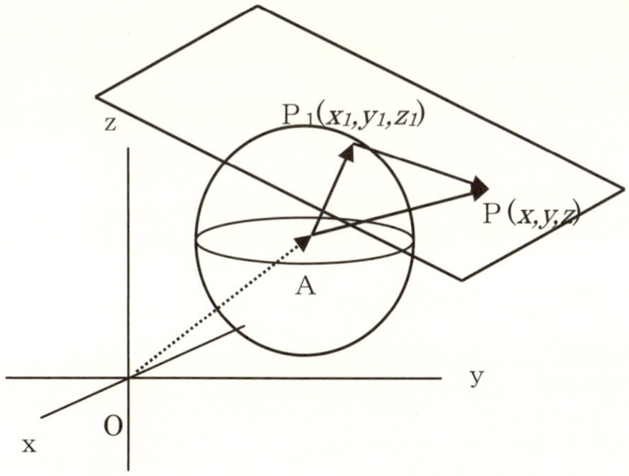

図　4．15

平面上に点P $\left(x,y,z\right)$をとると、$\overrightarrow{AP_1}$ と $\overrightarrow{P_1P}$ は垂直なので、

$$\left(x_1-a_x\right)\left(x-x_1\right)+\left(y_1-a_y\right)\left(y-y_1\right)+\left(z_1-a_z\right)\left(z-z_1\right)=0$$

となる。P 1$\left(x_1,y_1,z_1\right)$は球面上の点なので、

$$\left(x_1-a_x\right)^2+\left(y_1-a_y\right)^2+\left(z_1-a_z\right)^2=r^2$$

の関係がある。これらの式を加えると

$$\left(x_1-a_x\right)\left(x-a_x\right)+\left(y_1-a_y\right)\left(y-a_y\right)+\left(z_1-a_z\right)\left(z-a_z\right)=0$$

となり、これが接平面の方程式である。

4．5　軌跡と方程式

（1）軌跡

ある条件Cを満足する点全体の集合によって図形が描かれるとき、この図形を軌跡Fといい、条件Cを満足しながら移動する点を動点という。また、一定の位置にとどまっている点を定点という。軌跡Fを座標平面上で考え、これを方程式で表すとき、軌跡Fの方程式という。例えば、円は、点C(a,b)から距離が一定でrに等しい動点P(x,y)の軌跡なので、座標間の関係を式で表すと、方程式は、

$CP=\sqrt{\left(x-a\right)^2+\left(y-b\right)^2}=r$ となる。すなわち、円の方程式は、上式を変形して、

$$一般形：x^2+y^2+fx+gy+c=0$$

と表すことができる。

例題１０）つぎの方程式を求めよ。

（１）２点$(-2,1)$、$(1,-1)$から等距離にある点Ｐの軌跡の方程式を求めよ。

（２）$A(-2,0)$、$B(3,0)$ からの距離の比が２：３である動点の軌跡の方程式

参考：２点 A,B からの距離の比がｍ：ｎである動点の軌跡は円である（アポロニウスの円）。

例解）

(1) Ｐの座標を(x,y)とする。距離が等しいので、

$(x+2)^2+(y-1)^2=(x-1)^2+(y+1)^2$ より、$6x-4y=5$ の直線となる。

(2) Ｐの座標を(x,y)とする。$3PA=2PB$ の関係になるので、

$3\sqrt{(x+2)^2+y^2}=2\sqrt{(x-3)^2+y^2}$ より、$(x+6)^2+y^2=6^2$ となり。

（２）放物線

定点ＧとＧを通らない定直線ｇが与えられたとき、点Ｇと直線ｇに至る距離が等しい点Ｐの軌跡を放物線という。このとき、定点Ｇを焦点、直線ｇを準線という。

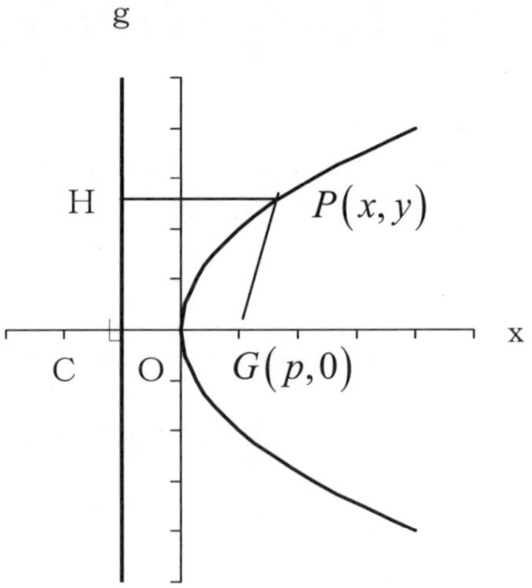

図4．16

点Ｇから、直線ｇに垂線ＣＧを引き、ＣＧの中点を原点Ｏとする。直線ＣＧを含む線をｘ軸とし、Ｇの座標を$(p,0)$、直線ｇの方程式を$x=-p$とする。ここで、任意の点Ｐ(x,y)をＰからｇへ垂線ＨＰがＧＰ＝ＨＰとなるようにとると、

$GP = \sqrt{(x-p)^2 + y^2}$ 、 $HP = x + p$ となる。ＧＰ＝ＨＰより、

$$\sqrt{(x-p)^2 + y^2} = x + p$$

となり、

$$y^2 = 4px$$

を得る。これが放物線の方程式である。

（３）楕円

２つの定点Ｃ、Ｃ’からの距離の和が一定である点Ｐの軌跡を楕円という。このとき、２つの定点Ｃ，Ｃ’を焦点という。

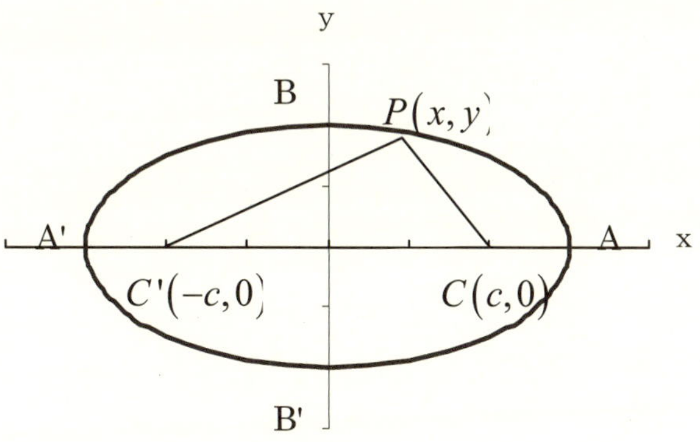

図　４．１７

定点Ｃ、Ｃ’を結ぶ直線を含む線をｘ軸とし、線分ＣＣ’の中点を原点とする。定点の座標を $C(c,0)$ 、 $C'(-c,0)$ とし、距離の和が２ａ（一定）となる任意の点をＰ(ｘ,ｙ)とすると、

$$CP + C'P = 2a \quad (a > 0)$$

なので、

$$\sqrt{(x-c)^2 + y^2} + \sqrt{(x+c)^2 + y^2} = 2a$$

となる。両辺を変形し、 $b = \sqrt{a^2 - c^2}$ とおくと、

$$b^2x^2 + a^2y^2 = a^2b^2$$

$$\therefore \quad \frac{x^2}{a^2} + \frac{y^2}{b^2} = 1 \quad (a > b > 0)$$

となる。これが楕円の方程式である。楕円とｘ軸との交点は$\mathrm{A}(a,0)$と$\mathrm{A'}(-a,0)$であり、ｙ軸との交点は$\mathrm{B}(0,b)$と$\mathrm{B'}(0,-b)$である。ここで、AA'を長軸、BB'を短軸という。

（４）双曲線

２つの定点Ｃ、Ｃ’からの距離の差が一定である点Ｐの軌跡を双曲線という。このとき、２つの定点Ｃ，Ｃ’を焦点という。

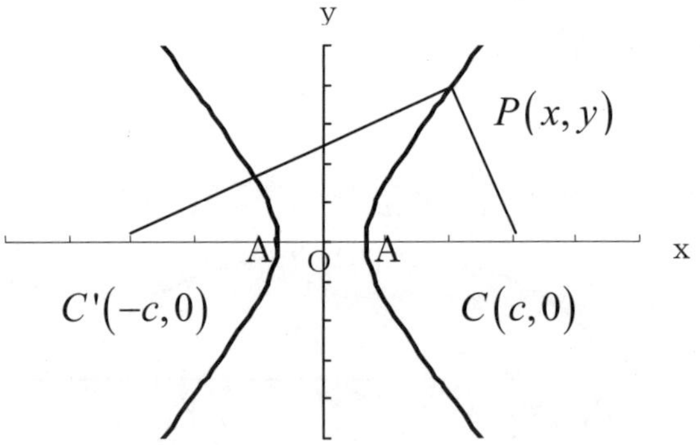

図　４．１８

定点Ｃ、Ｃ’を結ぶ直線を含む線をｘ軸とし、線分ＣＣ’の中点を原点Ｏとする。定点の座標を$C(c,0)$、$C'(-c,0)$とし、距離の差が２ａ（一定）となる任意の点をＰ(ｘ,ｙ)とすると、

$$|CF - C'F| = 2a \quad (a > 0)$$

なので、

$$\left|\sqrt{(x-c)^2 + y^2} - \sqrt{(x+c)^2 + y^2}\right| = 2a$$

となる。両辺を変形し、$b = \sqrt{c^2 - a^2} \quad (c > a > 0)$とおくと、

$$b^2x^2 - a^2y^2 = a^2b^2$$

$$\therefore \quad \frac{x^2}{a^2} - \frac{y^2}{b^2} = 1 \quad (a > b > 0)$$

となる。これが双曲線の方程式である。焦点の座標は、

$$C\left(\sqrt{a^2+b^2},\,0\right),\quad C'\left(-\sqrt{a^2+b^2},\,0\right)$$

で、x 軸との交点は $A(a,0)$ と $A'(-a,0)$ であり、y 軸とは交わらない。また、

$\dfrac{x^2}{a^2}-\dfrac{y^2}{b^2}=1$ の双曲線で、$\dfrac{x^2}{a^2}-\dfrac{y^2}{b^2}=0$ によって与えられる 2 直線は双曲線の漸近線を表し、$\dfrac{x^2}{a^2}-\dfrac{y^2}{b^2}=1$ と $\dfrac{x^2}{a^2}-\dfrac{y^2}{b^2}=-1$ を共役な双曲線という。

5．数の集まりで数を表現する（行列と行列式）

5．1　行列とは

ある会社のある年度の商品の販売実績が、表 5.1 のように与えられたとする。

表　5．1

	商品１	商品２	商品３	商品４
アジア	5	2	8	3
ヨーロッパ	3	2	7	3
アメリカ	5	7	4	4
アフリカ	3	3	2	6

これまでは各地域のひとつの商品の売り上げを変数 x とし、ひとつの変数がひとつの量を表すものとして取り扱ってきたが、ここでは表のような販売実績を全体としてひとつの量と考えて取り扱うことを考える。すなわち、販売実績を

$$\boldsymbol{A}=\begin{pmatrix}5 & 2 & 8 & 3\\3 & 2 & 7 & 3\\5 & 7 & 4 & 4\\3 & 3 & 2 & 6\end{pmatrix}$$

のように、4 行 4 列の数字からなる数字の集まり（行と列はいくらでも構わない）と捉えることにする。このように多くの数量をひとまとめにして取り扱うと、計算の手順を決めておくことにより、複雑で膨大な数量関係を簡単に処理できるようになる。例えば、次年度の販売実績が次の表 5.2 のように表されたとすると、

表　5．2

	商品１	商品２	商品３	商品４
アジア	4	3	7	5
ヨーロッパ	4	1	7	5
アメリカ	3	4	6	6
アフリカ	4	3	5	5

両年度の販売実績は、ふたつの表のそれぞれ対応する要素を加えることで求めることができる。このことを 4 行 4 列の数字の集まりとしての行列を用いて表現すると下記のようになる。

$$A+B=\begin{pmatrix}5&2&8&3\\3&2&7&3\\5&7&4&4\\3&3&2&6\end{pmatrix}+\begin{pmatrix}4&3&7&5\\4&1&7&5\\3&4&6&6\\4&3&5&5\end{pmatrix}=\begin{pmatrix}5+4&2+3&8+7&3+5\\3+4&2+1&7+7&3+5\\5+3&7+4&4+6&4+6\\3+4&3+3&2+5&6+5\end{pmatrix}$$

さらに、各商品の収益率がそれぞれ、*a, b, c, d*なら、アジア地域における、全収益は、$5\times a+2\times b+8\times c+3\times d$ となり、他の地域についても同様の方法で収益を求めることができる。各地域の収益率を数の集まりで書くと、例えば、

$$\begin{Bmatrix}\text{アジア}\\\text{ヨーロッパ}\\\text{アメリカ}\\\text{アフリカ}\end{Bmatrix}=\begin{Bmatrix}5\times a+2\times b+8\times c+3\times d\\3\times a+2\times b+7\times c+3\times d\\5\times a+7\times b+4\times c+4\times d\\3\times a+3\times b+2\times c+6\times d\end{Bmatrix}=\begin{pmatrix}5&2&8&3\\3&2&7&3\\5&7&4&4\\3&3&2&6\end{pmatrix}\cdot\begin{pmatrix}a\\b\\c\\d\end{pmatrix}$$

のように表すことができる。このように、数の集まりをひとつの量として捉える行列の考え方は、自然科学のみならず社会科学の分野でも広く用いられている。

5．2　行列の定義

いくつかの数を長方形状に行と列に並べて括弧で囲んだ数の集りを行列という。行列の横の並びを行、縦の並びを列といい、m個の行とｎ個の列からなる行列をm行ｎ列の行列、m×ｎ行列、(m,n) 行列という。行列は、

$$A=\left(a_{i,j}\right)=\begin{pmatrix}a_{11}&a_{12}&\cdots&a_{1,n-1}&a_{1n}\\a_{21}&a_{22}&\cdots&a_{2,n-1}&a_{2n}\\\vdots&\vdots&\ddots&\vdots&\vdots\\a_{m-1,1}&a_{m-1,2}&\cdots&a_{m-1,n-1}&a_{m-1,n}\\a_{m1}&a_{m2}&\cdots&a_{m,n-1}&a_{mn}\end{pmatrix}$$

のように、$A=\left(a_{i,j}\right)$ で表す。行列Aを構成する数$a_{i,j}$ は行列の成分といい、(i,j)成分という。また、行と列の数が等しい $i=j$ の行列を正方行列といい、(n,n)行列のｎを次数という。

行列は、行と列の数（型）が同じであって、その対応する成分がすべて等しいとき等しいという。例えば、行列が２行２列で、$a=k, b=l, c=m, d=n$のとき、

$$\begin{pmatrix}a&b\\c&d\end{pmatrix}=\begin{pmatrix}k&l\\m&n\end{pmatrix}$$

と表すことができる。すなわち、2つの行列$\boldsymbol{A}$，$\boldsymbol{B}$が次の条件を満たすとき$\boldsymbol{A}=\boldsymbol{B}$となる。

①$\boldsymbol{A}$の行数と$\boldsymbol{B}$の行数が等しく、かつ$\boldsymbol{A}$の列数と$\boldsymbol{B}$の列数が等しいこと。

②$\boldsymbol{A}$の(i,j)成分と$\boldsymbol{B}$の(i,j)成分が全て等しいこと。

5．3　行列の演算

（1）和、差、実数倍（スカラー積）

行列$\boldsymbol{A}$と行列$\boldsymbol{B}$の和は、$\boldsymbol{A}$，$\boldsymbol{B}$が同じ型で、対応する成分の和を成分とする行列をいい、$\boldsymbol{A}+\boldsymbol{B}$で表す。また、行列$\boldsymbol{A}$と行列$\boldsymbol{B}$の差は、成分の差を成分とする行列をいい、$\boldsymbol{A}-\boldsymbol{B}$と表す。

例えば、行列$\boldsymbol{A}$と$\boldsymbol{B}$が2行2列の場合、和および差は、

$$\boldsymbol{A}\pm\boldsymbol{B}=\begin{pmatrix} a & b \\ c & d \end{pmatrix}+\begin{pmatrix} k & l \\ m & n \end{pmatrix}=\begin{pmatrix} a\pm k & b\pm l \\ c\pm m & d\pm n \end{pmatrix}$$

のようになる。行列がm行n列の場合には、

$$\boldsymbol{A}\pm\boldsymbol{B}=\begin{pmatrix} a_{11} & a_{12} & \cdots & a_{1n} \\ a_{21} & a_{22} & \cdots & a_{2n} \\ \vdots & & \cdots & \vdots \\ a_{m1} & a_{m2} & \cdots & a_{mn} \end{pmatrix}+\begin{pmatrix} b_{11} & b_{12} & \cdots & b_{1n} \\ b_{21} & b_{22} & \cdots & b_{2n} \\ \vdots & & \cdots & \vdots \\ b_{m1} & b_{m2} & \cdots & b_{mn} \end{pmatrix}$$

$$=\begin{pmatrix} a_{11}\pm b_{11} & a_{12}\pm b_{12} & \cdots & a_{1n}\pm b_{1n} \\ a_{21}\pm b_{21} & a_{22}\pm b_{22} & \cdots & a_{2n}\pm b_{2n} \\ \vdots & \cdots & \cdots & \vdots \\ a_{m1}\pm b_{m1} & a_{m2}\pm b_{m2} & \cdots & a_{mn}\pm b_{mn} \end{pmatrix}$$

となる。

また、実数kに対して、行列$\boldsymbol{A}$の各成分のk倍を成分とする行列を、実数kと行列$\boldsymbol{A}$のスカラー積といい、$k\boldsymbol{A}$と表す。

例えば、行列$\boldsymbol{A}$と$\boldsymbol{B}$が2行2列の場合、スカラー積は、

$$k\boldsymbol{A}=k\begin{pmatrix} a & b \\ c & d \end{pmatrix}=\begin{pmatrix} ka & kb \\ kc & kd \end{pmatrix}$$

となる。行列がm行n列の場合には、

$$kA = \begin{pmatrix} ka_{11} & ka_{12} & \cdots & ka_{1n} \\ ka_{21} & ka_{22} & \cdots & ka_{2n} \\ \vdots & & \cdots & \vdots \\ ka_{m1} & ka_{m2} & \cdots & ka_{mn} \end{pmatrix}$$

となる。

（2）行列の積

2 つの行列$\boldsymbol{A}$，$\boldsymbol{B}$に対して、積$\boldsymbol{AB}$は$\boldsymbol{A}$の行ベクトルと$\boldsymbol{B}$の列ベクトルの積を成分とする行列である。例えば、$\boldsymbol{A}$，$\boldsymbol{B}$が 1 行あるいは 1 列の場合には、

$$\boldsymbol{AB} = \begin{pmatrix} a & b \end{pmatrix} \begin{pmatrix} k \\ l \end{pmatrix} = ak + bl$$

となり、2 行 2 列の場合には、

$$\boldsymbol{AB} = \begin{pmatrix} a & b \\ c & d \end{pmatrix} \begin{pmatrix} k & l \\ m & n \end{pmatrix} = \begin{pmatrix} ak+bm & al+bn \\ ck+dm & cl+dn \end{pmatrix}$$

となる。一般的には、2 つの行列$\boldsymbol{A}$，$\boldsymbol{B}$の積$\boldsymbol{AB}$は、$\boldsymbol{A}$の列の数と$\boldsymbol{B}$の行の数が等しいとき可能で、$\boldsymbol{A}$を$l \times \mathrm{m}$行列、$\boldsymbol{B}$を$\mathrm{m} \times \mathrm{n}$行列とするとき、積$\boldsymbol{AB}$は$l \times \mathrm{n}$行列であって、$(i, j)$の要素$\mathrm{c}_{\mathrm{ij}}$は次のように求められる。

$$\boldsymbol{AB} = \begin{pmatrix} a_{11} & a_{12} & \cdots & a_{1m} \\ \vdots & & & \vdots \\ a_{i1} & a_{i2} & \cdots & a_{im} \\ \vdots & & & \vdots \\ a_{l1} & a_{l2} & \cdots & a_{lm} \end{pmatrix} \begin{pmatrix} b_{11} & \cdots & b_{1j} & \cdots & b_{1n} \\ b_{21} & & b_{2j} & & b_{2n} \\ \vdots & & \vdots & & \vdots \\ b_{m1} & \cdots & b_{mj} & \cdots & b_{mn} \end{pmatrix}$$

$$= \begin{pmatrix} c_{11} & \cdots & c_{1j} & \cdots & c_{1n} \\ \vdots & & & & \vdots \\ c_{i1} & \cdots & c_{ij} & \cdots & c_{in} \\ \vdots & & & & \vdots \\ c_{l1} & \cdots & c_{lj} & \cdots & c_{ln} \end{pmatrix}$$

$$c_{ij} = a_{i1}b_{1i} + a_{i2}b_{2i} + \cdots + a_{im}b_{mj} = \sum_{k=1}^{m} a_{ik}b_{kj} \qquad (i = 1, 2, \cdots, l;\ j = 1, 2, \cdots, n)$$

（3）単位行列と零行列

n 次の正方行列において、対角線上にある成分がすべて 1 で、他の成分がすべて 0 である行列を n 次の単位行列といい $\boldsymbol{E}$で表し、n 次の単位行列という。成分

が全て0の行列をゼロ行列といい $\boldsymbol{O}$ で表す。

$$\boldsymbol{E}=\begin{pmatrix}1 & \cdots & 0\\ \vdots & \ddots & \vdots\\ 0 & \cdots & 1\end{pmatrix}\qquad \boldsymbol{O}=\begin{pmatrix}0 & \cdots & 0\\ \vdots & \ddots & \vdots\\ 0 & \cdots & 0\end{pmatrix}$$

$\boldsymbol{A}$ を任意の正方行列とし、$\boldsymbol{A}$ と同じ型の単位行列を $\boldsymbol{E}$、零行列を $\boldsymbol{O}$ とすると、

$$\boldsymbol{A}\boldsymbol{E}=\boldsymbol{E}\boldsymbol{A}=\boldsymbol{A},\qquad \boldsymbol{A}\boldsymbol{O}=\boldsymbol{O}\boldsymbol{A}=\boldsymbol{O}$$

となる。

（4）行列の積 $\boldsymbol{AB}$ の性質

行列の積に関して次のことがいえる。

①３つの行列 $\boldsymbol{A}(m,l)$ 行列、$\boldsymbol{B}(l,p)$ 行列、$\boldsymbol{C}(p,n)$ 行列とすれば、次のことが成り立つ。

結合法則：$(\boldsymbol{AB})\boldsymbol{C}=\boldsymbol{A}(\boldsymbol{BC})$ で、$\boldsymbol{ABC}$ (m,n)行列となる。

②３つの行列 $\boldsymbol{A}(m,l)$ 行列、$\boldsymbol{B}(l,n)$、$\boldsymbol{C}(l,n)$ 行列とすれば、次のことが成り立つ。

分配法則：$\boldsymbol{A}(\boldsymbol{B}+\boldsymbol{C})=\boldsymbol{AB}+\boldsymbol{AC}$ で、$\boldsymbol{A}(\boldsymbol{B}+\boldsymbol{C})$ は（m,n）行列となる。

③３つの行列 $\boldsymbol{A}(m,l)$ 行列、$\boldsymbol{B}(m,l)$ 行列、$\boldsymbol{C}(l,n)$ 行列とすれば、次のことが成り立つ。

分配法則：$(\boldsymbol{A}+\boldsymbol{B})\boldsymbol{C}=\boldsymbol{AC}+\boldsymbol{BC}$ で、$(\boldsymbol{A}+\boldsymbol{B})\boldsymbol{C}$ は(m,n)行列となる。

④非可換性：正方行列の乗法では交換法則は一般に成り立たない。

$$\boldsymbol{AB}\neq\boldsymbol{BA}$$

例）$\boldsymbol{AB}=\begin{pmatrix}2 & 1\\ 4 & 3\end{pmatrix}\begin{pmatrix}3 & 1\\ 2 & 3\end{pmatrix}=\begin{pmatrix}8 & 5\\ 18 & 13\end{pmatrix}$，$\boldsymbol{BA}=\begin{pmatrix}3 & 1\\ 2 & 3\end{pmatrix}\begin{pmatrix}2 & 1\\ 4 & 3\end{pmatrix}=\begin{pmatrix}10 & 6\\ 16 & 11\end{pmatrix}$

もし、$\boldsymbol{AB}=\boldsymbol{BA}$ が成り立つ場合、行列 $\boldsymbol{A}$，$\boldsymbol{B}$ は同じ次数の正方行列で交換可能であるという。

例）$\boldsymbol{A}=\begin{pmatrix}1 & -2\\ 2 & -1\end{pmatrix}$，$\boldsymbol{B}=\begin{pmatrix}1 & 3\\ -3 & 4\end{pmatrix}$ のとき、

$\boldsymbol{AB}=\begin{pmatrix}1 & -2\\ 2 & -1\end{pmatrix}\begin{pmatrix}1 & 3\\ -3 & 4\end{pmatrix}=\begin{pmatrix}7 & -5\\ 5 & 2\end{pmatrix}$，$\boldsymbol{BA}=\begin{pmatrix}1 & 3\\ -3 & 4\end{pmatrix}\begin{pmatrix}1 & -2\\ 2 & -1\end{pmatrix}=\begin{pmatrix}7 & -5\\ 5 & 2\end{pmatrix}$

⑤零因子の存在：$\boldsymbol{A}\neq$ O，$\boldsymbol{B}\neq$ Oであっても、$\boldsymbol{AB}$＝Oとなるような$\boldsymbol{A}$，$\boldsymbol{B}$を零因子という。（$\boldsymbol{AB}$＝O⇒$\boldsymbol{A}$＝Oまたは$\boldsymbol{B}$＝Oが成り立たない）

例）$\boldsymbol{A}=\begin{pmatrix}-2 & 2\\ -4 & 6\end{pmatrix}$，$\boldsymbol{B}=\begin{pmatrix}3 & -6\\ 2 & -4\end{pmatrix}$のとき、

$$\boldsymbol{AB}=\begin{pmatrix}-2 & 3\\ -4 & 6\end{pmatrix}\begin{pmatrix}3 & -6\\ 2 & -4\end{pmatrix}=\begin{pmatrix}0 & 0\\ 0 & 0\end{pmatrix}$$

より、$\boldsymbol{A}\neq$ O，$\boldsymbol{B}\neq$ Oであっても、$\boldsymbol{AB}$＝Oとなることがある。

（5）行列の累乗

任意の行列に対して$\boldsymbol{A}^0=\boldsymbol{E}$と定める。行列のベキ$\boldsymbol{A}^{\mathrm{h}}$が定義されると、

$$f(\boldsymbol{A})=a_0\boldsymbol{A}^0+a_1\boldsymbol{A}^1+\cdots+a_m\boldsymbol{A}^m$$

によって$f(\boldsymbol{A})$なる行列を行列$\boldsymbol{A}$の関数として定義することができる。$f(\boldsymbol{A})$が定義されると、多項式では表すことができない関数、例えば、指数関数e^{A}は、

$$e^{A}=\boldsymbol{E}+\boldsymbol{A}+\frac{\boldsymbol{A}^2}{2!}+\frac{\boldsymbol{A}^3}{3!}+\cdots=\sum_{n=0}^{\infty}\frac{\boldsymbol{A}^n}{n!}$$

のように、級数表現することにより$f(\boldsymbol{A})$を用いて表すことができる。行列の多項式は、ひとつの変数 x の多項式と同様に扱うことができる。

例）$\boldsymbol{A}=\begin{pmatrix}a & b\\ c & d\end{pmatrix}$のとき、$\boldsymbol{A}^2=\begin{pmatrix}a & b\\ c & d\end{pmatrix}\cdot\begin{pmatrix}a & b\\ c & d\end{pmatrix}$より、

$$\boldsymbol{A}^2=(a+d)\boldsymbol{A}-(ad-bc)\boldsymbol{E}$$

が得られる。これをハミルトン・ケリーの定理という。

（6）逆行列

正方行列$\boldsymbol{A}$に対して、$\boldsymbol{AX}$=$\boldsymbol{XA}$=$\boldsymbol{E}$を満たす正方行列$\boldsymbol{X}$が存在するとき、$\boldsymbol{A}$を正則行列という。また、このときの$\boldsymbol{X}$を$\boldsymbol{A}$の逆行列といい、$\boldsymbol{A}^{-1}$で表す。

2行2列の行列 $\boldsymbol{A}=\begin{pmatrix} a & b \\ c & d \end{pmatrix}$ に対して、$\boldsymbol{A}\,\boldsymbol{X}=\begin{pmatrix} a & b \\ c & d \end{pmatrix}\begin{pmatrix} k & l \\ m & n \end{pmatrix}=\begin{pmatrix} 1 & 0 \\ 0 & 1 \end{pmatrix}$ より、

逆行列は、

$$\boldsymbol{X}=\boldsymbol{A}^{-1}=\frac{1}{ad-bc}\begin{pmatrix} d & -b \\ -c & a \end{pmatrix}$$

と得ることができる。ここで、$\boldsymbol{X}$が存在するためには $ad-bc\neq 0$ が成り立つ必要がある。$ad-bc=0$ の場合には逆行列は存在しない。

一般的には、$\boldsymbol{A}=\left(a_{ij}\right)$ $\left(i,j=1,2,\cdots n\right)$ の逆行列は、$adj\,\boldsymbol{A}$ を余因子行列とすると、

$$\boldsymbol{A}\cdot adj\,\boldsymbol{A}=\left|\boldsymbol{A}\right|\cdot\boldsymbol{E}$$

となるので、$\left|\boldsymbol{A}\right|\neq 0$ のとき、$\boldsymbol{A}\cdot\dfrac{adj\,\boldsymbol{A}}{\left|\boldsymbol{A}\right|}=\boldsymbol{E}$ となり、

$$\boldsymbol{X}=\boldsymbol{A}^{-1}=\frac{adj\,\boldsymbol{A}}{\left|\boldsymbol{A}\right|}$$

より、得ることができる。ここで、$\left|\boldsymbol{A}\right|$ は行列式を表し、余因子行列 $adj\,\boldsymbol{A}$ は

$$adj\,\boldsymbol{A}=\begin{pmatrix} \boldsymbol{A}_{11} & \boldsymbol{A}_{21} & \cdots & \boldsymbol{A}_{n1} \\ \boldsymbol{A}_{12} & \boldsymbol{A}_{22} & \cdots & \vdots \\ \vdots & \cdots & \cdots & \vdots \\ \boldsymbol{A}_{1n} & \cdots & \cdots & \boldsymbol{A}_{nn} \end{pmatrix}$$

と表される。余因子行列および行列式については行列式の節で詳しく説明する。

正方行列を$\boldsymbol{A}$、$\boldsymbol{B}$として、その逆行列には次の性質がある。

①行列$\boldsymbol{A}$が正則のとき、定義より $\boldsymbol{A}\,\boldsymbol{A}^{-1}=\boldsymbol{E}$　$\boldsymbol{A}^{-1}\boldsymbol{A}=\boldsymbol{E}$

②行列$\boldsymbol{A}$が正則なら、$\boldsymbol{A}^{-1}$も正則であって、$\left(\boldsymbol{A}^{-1}\right)^{-1}=\boldsymbol{A}$

③行列$\boldsymbol{A}$、$\boldsymbol{B}$が正則ならば、$\left(\boldsymbol{A}\boldsymbol{B}\right)^{-1}=\boldsymbol{B}^{-1}\boldsymbol{A}^{-1}$

④ $\boldsymbol{A}\boldsymbol{X}=\boldsymbol{B}$ 、$\boldsymbol{X}\boldsymbol{A}=\boldsymbol{B}$ の解

$\boldsymbol{A}$, $\boldsymbol{B}$が正則で $\boldsymbol{A}\boldsymbol{X}=\boldsymbol{B}$ ならば $\boldsymbol{X}=\boldsymbol{A}^{-1}\boldsymbol{B}$ 、また、$\boldsymbol{X}\boldsymbol{A}=\boldsymbol{B}$ ならば $\boldsymbol{X}=\boldsymbol{B}\boldsymbol{A}^{-1}$ となる。

５．４　行列の応用

（1）連立１次方程式

連立２元１次方程式は、

$$\begin{cases} ax+by=p \\ cx+dy=q \end{cases} \Leftrightarrow \begin{pmatrix} a & b \\ c & d \end{pmatrix}\begin{pmatrix} x \\ y \end{pmatrix}=\begin{pmatrix} p \\ q \end{pmatrix}$$

と表される。ここで、$\boldsymbol{A}=\begin{pmatrix} a & b \\ c & d \end{pmatrix}$, $\boldsymbol{X}=\begin{pmatrix} x \\ y \end{pmatrix}$, $\boldsymbol{P}=\begin{pmatrix} p \\ q \end{pmatrix}$とおけば、

$$\boldsymbol{AX}=\boldsymbol{P}$$

と表すことができる。一方、与えられた連立方程式を解くと、

$$\boldsymbol{X}=\begin{pmatrix} x \\ y \end{pmatrix}=\frac{1}{ad-bc}\begin{pmatrix} dp-bq \\ aq-cp \end{pmatrix}=\frac{1}{ad-bc}\begin{pmatrix} d & -b \\ -c & a \end{pmatrix}\begin{pmatrix} p \\ q \end{pmatrix} \quad (\Delta=ad-bc\neq 0)$$

となり、その解 $\boldsymbol{X}$ は逆行列 $\boldsymbol{A}^{-1}$ を用いると、

$$\boldsymbol{X}=\boldsymbol{A}^{-1}\boldsymbol{P}$$

の形になっている。したがって、$\boldsymbol{AX}=\boldsymbol{P}$ の解は、$\boldsymbol{A}^{-1}$ が存在するとき、$\boldsymbol{X}=\boldsymbol{A}^{-1}\boldsymbol{P}$ で得ることができる。$\boldsymbol{A}^{-1}$ が存在しないとき、$ad-bc=0$ より解が存在しないことになる。また、$\boldsymbol{AX}=\boldsymbol{O}=\begin{pmatrix} 0 \\ 0 \end{pmatrix}$のとき、

① $ad-bc\neq 0$ ならば、$\boldsymbol{X}$ は常に $\boldsymbol{X}=\boldsymbol{O}$ を解に持つ。

② $ad-bc=0$ ならば、$\boldsymbol{X}=\boldsymbol{O}$ 以外を解にもつ。

一般に、連立ｎ元１次方程式

$$\begin{cases} a_{11}x_1+a_{12}x_2+\cdots+a_{1n}x_n=b_1 \\ a_{21}x_1+a_{22}x_2+\cdots+a_{2n}x_n=b_2 \\ \cdots \\ a_{n1}x_1+a_{n2}x_2+\cdots+a_{mn}x_n=b_m \end{cases}$$

において、行列Ａと列ベクトルｂ、ｘをそれぞれ、

$$\boldsymbol{A}=\begin{pmatrix} a_{11} & a_{12} & \cdots & a_{1n} \\ a_{21} & a_{22} & \cdots & a_{2n} \\ \cdots & \cdots & \cdots & \cdots \\ a_{m1} & a_{m2} & \cdots & a_{mn} \end{pmatrix}, \quad \boldsymbol{b}=\begin{pmatrix} b_1 \\ b_2 \\ \vdots \\ b_m \end{pmatrix}, \quad \boldsymbol{x}=\begin{pmatrix} x_1 \\ x_2 \\ \vdots \\ x_n \end{pmatrix}$$

とすると、

$$\boldsymbol{Ax}=\boldsymbol{b}$$

と表すことができる。ここで$\boldsymbol{A}$を連立１次方程式の係数行列という。$\boldsymbol{A}^{-1}$が存在するとき、連立方程式の解は、

$$\boldsymbol{x} = \boldsymbol{A}^{-1}\boldsymbol{b} \qquad \boldsymbol{A}^{-1} = \frac{adj\,\boldsymbol{A}}{|\boldsymbol{A}|}$$

と求めることができる。

（2）固有値と固有ベクトル

行列$\boldsymbol{A}$に対して、$A\vec{u} = k\vec{u},\ \ \vec{u} \neq 0$を満たす$k$が存在するとき、$k$を$\boldsymbol{A}$の固有値、$\vec{u}$を$k$に対する$\boldsymbol{A}$の固有ベクトルという。

例えば、$\boldsymbol{A} = \begin{pmatrix} a & b \\ c & d \end{pmatrix}$の固有値$k$が存在するための必要十分条件は、$\vec{u} = \begin{pmatrix} x \\ y \end{pmatrix}$として、

$$\boldsymbol{A}\,\vec{u} = k\,\vec{u} = \begin{pmatrix} a & b \\ c & d \end{pmatrix}\begin{pmatrix} x \\ y \end{pmatrix} = k\begin{pmatrix} x \\ y \end{pmatrix} = \begin{pmatrix} k & 0 \\ 0 & k \end{pmatrix}\begin{pmatrix} x \\ y \end{pmatrix}$$

より、

$$\begin{pmatrix} a & b \\ c & d \end{pmatrix}\begin{pmatrix} x \\ y \end{pmatrix} - \begin{pmatrix} k & 0 \\ 0 & k \end{pmatrix}\begin{pmatrix} x \\ y \end{pmatrix} = \begin{pmatrix} a-k & b \\ c & d-k \end{pmatrix}\begin{pmatrix} x \\ y \end{pmatrix} = 0$$

となり、$\boldsymbol{O}$でない$\begin{pmatrix} x \\ y \end{pmatrix}$が存在するためには、行列$\begin{pmatrix} a-k & b \\ c & d-k \end{pmatrix}$において、

$(a-k)(d-k)-bc=0$となることが必要十分条件である。すなわち、

$$(a-k)(d-k)-bc = \Delta(\boldsymbol{A}-k\,\boldsymbol{E})$$

とおくと、

$$\Delta(\boldsymbol{A}-k\,\boldsymbol{E}) = 0$$

を満たすkが存在することが必要十分条件である。ここで、$\Delta(\boldsymbol{A}-k\,\boldsymbol{E})=0$を固有方程式という。また、固有値$k$のそれぞれに対して、固有ベクトルが得られる。

一般に、ｎ次の正方行列の場合、

$$\boldsymbol{A} = \begin{pmatrix} a_{11} & a_{12} & \cdots & a_{1n} \\ a_{21} & a_{22} & \cdots & a_{2n} \\ \cdots & \cdots & \cdots & \cdots \\ a_{n1} & a_{n2} & \cdots & a_{nn} \end{pmatrix}$$

が与えられ、$\boldsymbol{x}=\begin{pmatrix} x_1 \\ x_2 \\ \vdots \\ x_n \end{pmatrix}$ を未知ベクトルとし、kをスカラーとするとき方程式

$$\boldsymbol{A}\boldsymbol{x}=k\,\boldsymbol{x}=k\boldsymbol{E}\boldsymbol{x}$$

$$\therefore\ \left(\boldsymbol{A}-k\,\boldsymbol{E}\,\boldsymbol{x}\right)=\boldsymbol{O}$$

が $\boldsymbol{x}=\boldsymbol{O}$ 以外の解 $\boldsymbol{x}$ を持つような kの値を行列$\boldsymbol{A}$の固有値といい、その固有値に対する解 $\boldsymbol{x}$ をその固有値に属する固有ベクトルという。

例題１）行列$\begin{pmatrix} 3 & 2 \\ 4 & 1 \end{pmatrix}$の固有方程式を導き、固有値とそれに対する固有ベクトルを求めよ。

例解）固有値は$\Delta\left(\boldsymbol{A}-k\,\boldsymbol{E}\right)=0$を満たす実数ｋである。固有方程式

$$\Delta\left(\boldsymbol{A}-k\,\boldsymbol{E}\right)=(3-k)(1-k)-2\cdot 4=0$$

より$k=-1,5$を得ることができる。

$k=-1$のとき、$\begin{pmatrix} 3-(-1) & 2 \\ 4 & 1-(-1) \end{pmatrix}\begin{pmatrix} x \\ y \end{pmatrix}=\begin{pmatrix} 0 \\ 0 \end{pmatrix}$より、２ｘ＋ｙ＝０となり、

固有ベクトル$\begin{pmatrix} x \\ y \end{pmatrix}=\begin{pmatrix} t \\ -2t \end{pmatrix}$（ｔは０でない任意の数）が得られる。

$k=5$のとき、$\begin{pmatrix} 3-(5) & 2 \\ 4 & 1-(5) \end{pmatrix}\begin{pmatrix} x \\ y \end{pmatrix}=\begin{pmatrix} 0 \\ 0 \end{pmatrix}$より。ｘ－ｙ＝０となり、

固有ベクトル$\begin{pmatrix} x \\ y \end{pmatrix}=\begin{pmatrix} t \\ t \end{pmatrix}$（ｔは０でない任意の数）が得られる。

（３）１次変換

１）１次変換とは

　集合 $\boldsymbol{X}$ の各要素ｘに対して集合 $\boldsymbol{Y}$ の１つの要素ｙがそれぞれ定まるとき、この対応を $\boldsymbol{X}$ から $\boldsymbol{Y}$ への写像という。座標平面上の点$P(x,y)$に対して同じ平面上の点$Q(x',y')$が１つ定まるとき、この対応（写像）を変換という。変換は、

$f:P\to Q$ 又は $f:P(x,y)\to Q(x',y')$ のように表し、点Ｑをｆによる点Ｐの像という。

変換 f は x', y' が x, y の式で表される場合が多く、特に変換 f が、

$$\begin{cases} x'=g(x,y)=ax+by \\ y'=h(x,y)=cx+dy \end{cases}$$

のように、x', y' がそれぞれ定数項のない x, y の１次式で表されるとき、この変換を１次変換という。１次変換は行列を用いて表すと、

$$\begin{pmatrix} x' \\ y' \end{pmatrix}=\begin{pmatrix} a & b \\ c & d \end{pmatrix}\begin{pmatrix} x \\ y \end{pmatrix}$$

となる。ここで $\begin{pmatrix} a & b \\ c & d \end{pmatrix}$ を１次変換 f を表す行列といい、$f:\begin{pmatrix} a & b \\ c & d \end{pmatrix}$ と表す。

２）１次変換の性質

１次変換によって原点は原点に移される。原点Oを相似の中心として、k 倍に拡大、縮小する１次変換を相似変換といい、それを示す行列は、$\begin{pmatrix} k & 0 \\ 0 & k \end{pmatrix}$ である。

x 軸、y 軸、原点、直線 $y=x$ に関する対称移動は１次変換である。

例えば、$\begin{pmatrix} a & b \\ c & d \end{pmatrix}=\begin{pmatrix} 1 & 0 \\ 0 & 1 \end{pmatrix}$ は x 軸に関する対称移動、$\begin{pmatrix} a & b \\ c & d \end{pmatrix}=\begin{pmatrix} -1 & 0 \\ 0 & 1 \end{pmatrix}$ は y 軸に関する対称移動を表している。

例題２）$\begin{pmatrix} a & b \\ c & d \end{pmatrix}=\begin{pmatrix} -1 & 0 \\ 0 & -1 \end{pmatrix}$ と $\begin{pmatrix} a & b \\ c & d \end{pmatrix}=\begin{pmatrix} 0 & 1 \\ 1 & 0 \end{pmatrix}$ が原点と $y=x$ に関する対称移動を表すことを確認せよ。

例解）$\begin{pmatrix} x' \\ y' \end{pmatrix}=\begin{pmatrix} -1 & 0 \\ 0 & -1 \end{pmatrix}\begin{pmatrix} x \\ y \end{pmatrix}=\begin{pmatrix} -x \\ -y \end{pmatrix}$ より、$\begin{pmatrix} x' \\ y' \end{pmatrix}$ は $\begin{pmatrix} x \\ y \end{pmatrix}$ と原点に対して対称な位置にあることがわかる。

$\begin{pmatrix} x' \\ y' \end{pmatrix}=\begin{pmatrix} 0 & 1 \\ 1 & 0 \end{pmatrix}\begin{pmatrix} x \\ y \end{pmatrix}=\begin{pmatrix} y \\ x \end{pmatrix}$ となり、$\begin{pmatrix} x' \\ y' \end{pmatrix}$ は $\begin{pmatrix} x \\ y \end{pmatrix}$ とｙ＝ｘについて対称な位置にあることがわかる。

一般に、n 次元ベクトル空間Ｒ^{n}から、m次元ベクトル空間Ｒ^{m}への写像 $x' = f(x)$ が線形写像であるための必要十分条件は、適当なm行n列の行列$\boldsymbol{A}$

$$\boldsymbol{A} = \begin{pmatrix} a_{11} & a_{12} & \cdots & a_{1n} \\ a_{21} & a_{22} & \cdots & a_{2n} \\ \vdots & \cdots & \cdots & \vdots \\ a_{m1} & a_{m2} & \cdots & a_{mn} \end{pmatrix}$$

が存在していて、$\boldsymbol{x}$ と $\boldsymbol{x}'$ の間に、

$$\begin{pmatrix} x_1' \\ x_2' \\ \vdots \\ x_m' \end{pmatrix} = \begin{pmatrix} a_{11} & a_{12} & \cdots & a_{1n} \\ a_{21} & a_{22} & \cdots & a_{2n} \\ \vdots & \cdots & \cdots & \vdots \\ a_{m1} & a_{m2} & \cdots & a_{mn} \end{pmatrix} \cdot \begin{pmatrix} x_1 \\ x_2 \\ \vdots \\ x_n \end{pmatrix}$$

$$\boldsymbol{x}' = \boldsymbol{A}\boldsymbol{x}$$

が成り立つことである。

３）合成変換

n次元ベクトル空間Ｒ^{n}から、m次元ベクトル空間Ｒ^{m}への写像 $\boldsymbol{x} \to \boldsymbol{x}'$ を表す１次変換を $\boldsymbol{x}' = f(\boldsymbol{x})$ とし、m次元ベクトル空間Ｒ^{m}から、１次元ベクトル空間Ｒ^{1}への写像 $\boldsymbol{x}' \to \boldsymbol{x}''$ を表す１次変換を $\boldsymbol{x}'' = g(\boldsymbol{x}')$ とする。ここで、それぞれの１次変換を表す行列を $\boldsymbol{A}$, $\boldsymbol{B}$ とすると、Ｒ^{n}からＲ^{1}の写像 $\boldsymbol{x} \to \boldsymbol{x}' \to \boldsymbol{x}''$ は、

$$\boldsymbol{x}'' = g(f(\boldsymbol{x})) = \boldsymbol{B}\boldsymbol{A}\boldsymbol{x}$$

となる。これを合成写像という。合成写像を表わす１次変換を合成変換と言い $g \circ f$ で表す。合成変換 $g \circ f$ を表す行列は上式より $\boldsymbol{B}\boldsymbol{A}$ である。一般に $g \circ f \neq f \circ g$ である。

例題３）１次変換 $f: \begin{pmatrix} 1 & -1 \\ -1 & 2 \end{pmatrix}$、$g: \begin{pmatrix} -1 & 3 \\ 2 & 5 \end{pmatrix}$ について、合成変換 $g \circ f$ および $f \circ g$ を表す行列を求めよ。

例解）合成変換 $g \circ f$ を表す行列は、

$$g \circ f = \begin{pmatrix} 1 & -1 \\ -1 & 2 \end{pmatrix}\begin{pmatrix} -1 & 3 \\ 2 & 5 \end{pmatrix} = \begin{pmatrix} -3 & 2 \\ 5 & 7 \end{pmatrix}$$

であり、合成変換 $f \circ g$ を表す行列は

$$f \circ g = \begin{pmatrix} -1 & 3 \\ 2 & 5 \end{pmatrix} \begin{pmatrix} 1 & -1 \\ -1 & 2 \end{pmatrix} = \begin{pmatrix} -4 & 7 \\ -3 & 8 \end{pmatrix}$$

となる。

4）逆変換

n次元ベクトル空間R^{n}において、任意のベクトルxに対して、$\boldsymbol{x}' = f(\boldsymbol{x})$ の変換により、ベクトル $\boldsymbol{x}'$ がただひとつ対応し、逆に、写像ベクトル $\boldsymbol{x}'$ がもとのベクトル $\boldsymbol{x}$ にただひとつ対応する写像を考えることができる。このような関係にある写像において、$\boldsymbol{x} \to \boldsymbol{x}'$ の変換に対して $\boldsymbol{x}' \to \boldsymbol{x}$ の変換を逆変換といい、f^{-1} で表す。１次変換 f を表す行列を $\boldsymbol{A}$ とすると、f^{-1} は逆行列 $\boldsymbol{A}^{-1}$ で表される。

例題４）１次変換 $\begin{cases} x' = x + 3y \\ y' = 2x - y \end{cases}$ の逆変換を表す行列を求める。

例解）変換 f の逆変換 f^{-1} を表す行列は $\boldsymbol{A}$ の逆行列 $\boldsymbol{A}^{-1}$ なので、

$\boldsymbol{A} = \begin{pmatrix} 1 & 3 \\ 2 & -1 \end{pmatrix}$ より、$\boldsymbol{A}^{-1} = \begin{pmatrix} 1 & 3 \\ 2 & -1 \end{pmatrix}^{-1} = \dfrac{1}{-7}\begin{pmatrix} -1 & -3 \\ -2 & 1 \end{pmatrix} = \dfrac{1}{7}\begin{pmatrix} 1 & 3 \\ 2 & -1 \end{pmatrix}$ である。

5）回転移動

x, y 平面上で、$\boldsymbol{x} = \begin{pmatrix} x \\ y \end{pmatrix}$ を原点Oを中心として角 θ だけ回転して $\boldsymbol{x}' = \begin{pmatrix} x' \\ y' \end{pmatrix}$ が得られたとする。ここで $\boldsymbol{x} = \begin{pmatrix} x \\ y \end{pmatrix}$、$\boldsymbol{x}' = f(\boldsymbol{x})$ ともに原点からの距離が同じであるので、それを a とし、

$$\begin{cases} x = a\cos\theta_1 \\ y = a\sin\theta_1 \end{cases} \qquad \begin{cases} x' = a\cos\theta_2 \\ y' = a\sin\theta_2 \end{cases}$$

の関係にある。今、もとの座標の基本ベクトルを$\boldsymbol{e}_1 = \begin{pmatrix} 1 \\ 0 \end{pmatrix}$,　$\boldsymbol{e}_2 = \begin{pmatrix} 0 \\ 1 \end{pmatrix}$とすると、

$$\boldsymbol{x} = x\boldsymbol{e}_1 + y\boldsymbol{e}_2$$

と表される。回転後の基本ベクトルを$\boldsymbol{e}_1', \boldsymbol{e}_2'$とすると、

$$\boldsymbol{e}_1' = \begin{pmatrix} \cos\theta \\ \sin\theta \end{pmatrix} \quad \boldsymbol{e}_2' = \begin{pmatrix} -\sin\theta \\ \cos\theta \end{pmatrix} \qquad (\theta = \theta_2 - \theta_1)$$

であり、$\boldsymbol{x}' = x\boldsymbol{e}_1' + y\boldsymbol{e}_2'$なので、

$$\boldsymbol{x}' = x\boldsymbol{e}_1' + y\boldsymbol{e}_2' = x\begin{pmatrix} \cos\theta \\ \sin\theta \end{pmatrix} + y\begin{pmatrix} -\sin\theta \\ \cos\theta \end{pmatrix} = \begin{pmatrix} \cos\theta & -\sin\theta \\ \sin\theta & \cos\theta \end{pmatrix}\begin{pmatrix} x \\ y \end{pmatrix} \qquad (\theta = \theta_2 - \theta_1)$$

が得られる。この関係は$\boldsymbol{x}' = \begin{pmatrix} x' \\ y' \end{pmatrix}$が$\boldsymbol{x} = \begin{pmatrix} x \\ y \end{pmatrix}$の１次変換の関係$\boldsymbol{x}' = f(\boldsymbol{x})$にあることを示している。また、原点Oを中心とし、角θだけ回転する１次変換fの逆変換f^{-1}を表す行列は、変換の行列の逆行列で、

$$\begin{pmatrix} \cos\theta & -\sin\theta \\ -\sin\theta & \cos\theta \end{pmatrix}\begin{pmatrix} \cos\theta & \sin\theta \\ -\sin\theta & \cos\theta \end{pmatrix} = \begin{pmatrix} 1 & 0 \\ 0 & 1 \end{pmatrix}$$

より、

$$\begin{pmatrix} \cos\theta & \sin\theta \\ -\sin\theta & \cos\theta \end{pmatrix}$$

となる。また、原点Oを中心として、角αだけ回転する１次変換をf、角βだけ回転する１次変換をgとすると、１次変換$g \circ f$を表す行列は、

$$\begin{pmatrix} \cos\alpha & -\sin\alpha \\ \sin\alpha & \cos\alpha \end{pmatrix}\begin{pmatrix} \cos\beta & -\sin\beta \\ \sin\beta & \cos\beta \end{pmatrix} = \begin{pmatrix} \cos(\alpha+\beta) & -\sin(\alpha+\beta) \\ \sin(\alpha+\beta) & \cos(\alpha+\beta) \end{pmatrix}$$

より、

$$\begin{pmatrix} \cos(\alpha+\beta) & -\sin(\alpha+\beta) \\ \sin(\alpha+\beta) & \cos(\alpha+\beta) \end{pmatrix}$$

となる。

５．５　行列式の定義

未知の量の関係がいくつか与えられた場合、連立方程式を用いることでそれらを求めることができる。今、未知の量（未知数）を x, y と置いて連立方程式をたてると、

$$\begin{cases} ax+by=l \\ cx+dy=m \end{cases}$$

と表すことができる。ここで、a, b, c, d, l, m は未知の量の関係を示すのに必要な定数である。この連立方程式から、未知数 x, y を計算すると、

$$x=\frac{dl-bm}{ad-bc},\quad y=\frac{am-cl}{ad-bc}$$

と、それぞれ求めたい解を得ることができる。

一方、上の連立方程式を行列で表すと、

$$\begin{pmatrix} a & b \\ c & d \end{pmatrix}\begin{pmatrix} x \\ y \end{pmatrix}=\begin{pmatrix} l \\ m \end{pmatrix}$$

と表すことができる。ここで、未知数 $\begin{pmatrix} x \\ y \end{pmatrix}$ を求めるのに、行列式の考え方を導入する。すなわち、2 次の正方行列 $\boldsymbol{A}=\begin{pmatrix} a & b \\ c & d \end{pmatrix}$ の行列式を、

$$|\boldsymbol{A}|=\begin{vmatrix} a & b \\ c & d \end{vmatrix}=ad-bc$$

と定義する。行列式 $|\boldsymbol{A}|$ は要素を全て書き表す場合もあれば $|a_{i,j}|$ 、$\det\boldsymbol{A}$ などと書くこともある。

行列式を連立方程式の解に出てくる数の表現に応用すると、

$$dl-bm=\begin{vmatrix} l & b \\ m & d \end{vmatrix}=|\boldsymbol{A}_1|,\quad cl-am=\begin{vmatrix} a & l \\ c & m \end{vmatrix}=|\boldsymbol{A}_2|$$

の行列式で表すことができるので、未知数 x, y は

$$x=\frac{\begin{vmatrix} l & b \\ m & d \end{vmatrix}}{\begin{vmatrix} a & b \\ c & d \end{vmatrix}}=\frac{|\boldsymbol{A}_1|}{|\boldsymbol{A}|},\quad y=\frac{\begin{vmatrix} a & l \\ c & m \end{vmatrix}}{\begin{vmatrix} a & b \\ c & d \end{vmatrix}}=\frac{|\boldsymbol{A}_2|}{|\boldsymbol{A}|}$$

と表すことができる。すなわち、連立方程式は行列式を利用して解くことができる。未知数が２つの場合には見かけ上複雑になったような印象も与えるが、未知数が多くなると、行列式の考え方を応用するほうがずっと楽に計算をすることができる。

一般的に、ｎ次の正方行列 $\boldsymbol{A}$ に絶対値記号を付した $|\boldsymbol{A}|$ をｎ次の正方行列式と定義する。

ｎ次の正方行列式 $|\boldsymbol{A}|$ は次のように書く。

$$\det \boldsymbol{A}=|\boldsymbol{A}|=\begin{vmatrix} a_{11} & a_{12} & \cdots & a_{1n} \\ a_{21} & a_{22} & \cdots & \vdots \\ \vdots & \cdots & \ddots & \vdots \\ a_{n1} & a_{n2} & \cdots & a_{nn} \end{vmatrix}=\sum_{(i_1,i_2,\cdots,i_n)} \varepsilon(i_1,i_2,\cdots,i_n)\,a_{1i_1}a_{2i_2}\cdots a_{ni_n}$$

行列式のなかの各数字 a_{ij} を要素または元と言う。ここで、$\varepsilon(i_1,i_2,\cdots,i_n)$ は

$$\varepsilon(i_1,i_2,\cdots,i_n)=\begin{cases} 1 \\ -1 \end{cases}$$

であり、順列 $(i_1,i_2,\cdots,i_n)$ が偶順列か奇順列かに応じて順列の符号を１または -1 に定める関数である。

偶順列、奇順列

１からｎまでの整数の集合の順列の数は n!個ある。任意の順列 $(i_1,i_2,\cdots i_n)$ において、数 i_1 より後にあって i_1 より小さい整数の個数を j_1 とし、また、数 i_2 より後にあって i_2 より小さい整数の個数を j_2 とする。以下、同様にして、j_k を求め、

$$j_1+j_2+\cdots+j_{n-1}$$

を順列の転倒数という。転倒数が偶数のとき偶順列、転倒数が奇数のとき奇順列という。例えば、順列 $(1,3,2)$ の転倒数は０＋１＝１である。

５．６　行列式の展開

（1）サラスの方法

2 次の行列：$\{1,2\}$ のすべての順列は、$(1,2)$ と $(2,1)$ なので、転倒数はそれぞれ 0, 1 であるので、$\varepsilon(1,2)=1$，$\varepsilon(2,1)=-1$ である。したがって、

$$\begin{vmatrix} a_{11} & a_{12} \\ a_{21} & a_{22} \end{vmatrix} = \sum_{(i_1,i_2)} \varepsilon(i_1,i_2) a_{1i_1} a_{2i_2} = \varepsilon(1,2) a_{11}a_{12} + \varepsilon(2,1) a_{12}a_{21}$$
$$= a_{11}a_{22} - a_{12}a_{21}$$

となる。

3 次の行列：$\{1,2,3\}$ のすべての順列の転倒数を考慮して、

$$\begin{vmatrix} a_{11} & a_{12} & a_{13} \\ a_{21} & a_{22} & a_{23} \\ a_{31} & a_{32} & a_{33} \end{vmatrix} = \sum_{(i_1,i_2,i_3)} \varepsilon(i_1,i_2,i_3) a_{1i_1} a_{2i_2} a_{3i_3}$$
$$= \varepsilon(1,2,3) a_{11}a_{22}a_{33} + \varepsilon(1,3,2) a_{11}a_{23}a_{32} + \cdots + \varepsilon(3,2,1) a_{13}a_{22}a_{31}$$
$$= a_{11}a_{22}a_{33} - a_{11}a_{23}a_{32} + \cdots - a_{13}a_{22}a_{31}$$

となる。

2 次および 3 次の行列式の展開式の各項とその符号は図のような方法で計算することができる。

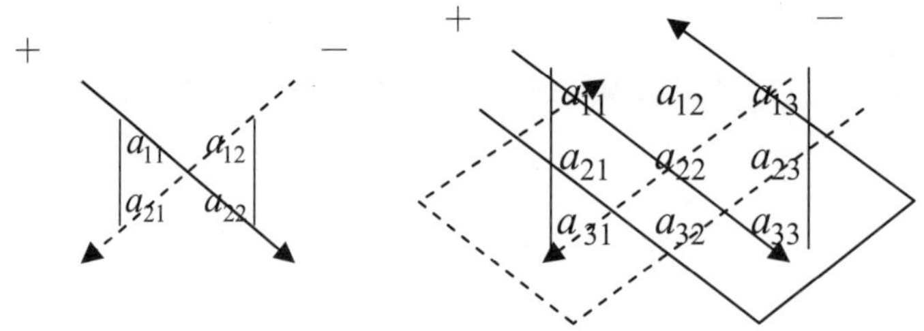

図５．１

これをサルスの方法という。

（2）小行列式法

n 次の行列式を展開する場合に用いる。n 次の正方行列式 $|\boldsymbol{A}|$ において、要素 $a_{ij}\,(i,j=1,2,\cdots n)$ に対して、a_{ij} を含む i 行 j 列を取り除いて残った要素による行列式を a_{ij} の小行列式 $\boldsymbol{D}_{ij}$ と定義する。

$$\boldsymbol{D}_{ij}=\begin{vmatrix} a_{11} & \cdots & a_{1\,j-1} & a_{1\,j+1} & \cdots & a_{1n} \\ \vdots & & \vdots & \vdots & & \vdots \\ a_{i-11} & \cdots & a_{i-1\,j-1} & a_{i-1\,j+1} & \cdots & a_{i-1\,n} \\ & & & & & \\ a_{i+11} & \cdots & a_{i+1\,j-1} & a_{i+1\,j+1} & \cdots & a_{i+1\,n} \\ \vdots & & \vdots & \vdots & & \vdots \\ a_{n1} & \cdots & a_{n\,j-1} & a_{n\,j+1} & \cdots & a_{n\,n} \end{vmatrix}$$

また、$a_{ij}\left(i,j=1,2,\cdots n\right)$に対応する小行列式$D_{ij}$に

$$\boldsymbol{A}_{i,j}=\begin{pmatrix} + & - & \cdots & \left(-1\right)^{j-1} & \cdots & \left(-1\right)^{n-1} \\ - & + & \cdots & \vdots & \cdots & \vdots \\ \vdots & \cdots & \cdots & \vdots & \cdots & \vdots \\ \left(-1\right)^{i-1} & \cdots & \cdots & \left(-1\right)^{i+j-2} & \cdots & \vdots \\ \vdots & \cdots & \cdots & \vdots & + & - \\ \left(-1\right)^{n-1} & \cdots & \cdots & \cdots & - & + \end{pmatrix}$$

の符号をつけた行列式$\boldsymbol{A}_{ij}$をa_{ij}の余因子または余因数といい、

$$\boldsymbol{A}_{ij}=\left(-1\right)^{i+j}\boldsymbol{D}_{ij}$$

と表す。行列式$|\boldsymbol{A}|$の展開式は、k行については、

$$|\boldsymbol{A}|=a_{k1}\boldsymbol{A}_{k1}+a_{k2}\boldsymbol{A}_{k2}+\cdots+a_{kn}\boldsymbol{A}_{kn}\quad\left(k=1,2,\cdots,n\right)$$

となり、j列については、

$$|\boldsymbol{A}|=a_{1j}\boldsymbol{A}_{1j}+a_{2j}\boldsymbol{A}_{2j}+\cdots+a_{nk}\boldsymbol{A}_{nk}\quad\left(j=1,2,\cdots,n\right)$$

となる。

例題５）$|A|=\begin{vmatrix} a_{11} & a_{12} & a_{13} \\ a_{21} & a_{22} & a_{23} \\ a_{31} & a_{32} & a_{33} \end{vmatrix}$を第１行について展開せよ。

例解）

$$|A|=\begin{vmatrix} a_{11} & a_{12} & a_{13} \\ a_{21} & a_{22} & a_{23} \\ a_{31} & a_{32} & a_{33} \end{vmatrix}=a_{11}A_{11}+a_{12}A_{12}+a_{13}A_{13}=a_{11}D_{11}-a_{12}D_{12}+a_{13}D_{13}$$

$$=a_{11}\begin{vmatrix} a_{22} & a_{23} \\ a_{32} & a_{33} \end{vmatrix}-a_{12}\begin{vmatrix} a_{21} & a_{23} \\ a_{31} & a_{33} \end{vmatrix}+a_{13}\begin{vmatrix} a_{21} & a_{22} \\ a_{31} & a_{32} \end{vmatrix}$$

$$=a_{11}(a_{22}a_{33}-a_{23}a_{32})-a_{12}(a_{21}a_{33}-a_{23}a_{31})+a_{13}(a_{21}a_{32}-a_{22}a_{31})$$

5．7　行列式の基本定理

① 行列式の列と行を入れ替えても行列式の値は変らない。

$$|A|=|A^T|$$

ここで、行と列を入れ替えた行列A^Tは転置行列と呼ばれている。

例）$|A|=\begin{vmatrix}a & b\\ c & d\end{vmatrix}=ad-bc$、$|A^T|=\begin{vmatrix}a & c\\ b & d\end{vmatrix}=ad-bc$

② 行列式は2つの行列式の和の形に分解できる。

$$\begin{vmatrix}a_{11} & \cdots & a_{1n}\\ \vdots & \cdots & \vdots\\ a_{j1}+b_{j1} & \cdots & a_{jn}+b_{jn}\\ \vdots & \cdots & \vdots\\ a_{n1} & \cdots & a_{nn}\end{vmatrix}=\begin{vmatrix}a_{11} & \cdots & a_{1n}\\ \vdots & \cdots & \vdots\\ a_{j1} & \cdots & a_{jn}\\ \vdots & \cdots & \vdots\\ a_{n1} & \cdots & a_{nn}\end{vmatrix}+\begin{vmatrix}a_{11} & \cdots & a_{1n}\\ \cdots & \cdots & \vdots\\ b_{j1} & \cdots & b_{jn}\\ \vdots & \cdots & \vdots\\ a_{n1} & \cdots & a_{nn}\end{vmatrix}$$

例）$\begin{vmatrix}a & b\\ c+e & d+f\end{vmatrix}=a(d+f)-b(c+e)=ad-bc+af-be=\begin{vmatrix}a & b\\ c & d\end{vmatrix}+\begin{vmatrix}a & b\\ e & f\end{vmatrix}$

③ 行列式のひとつの行または列のすべての要素に共通な因数があるとき、その因数を外に出すことができる。

$$\begin{vmatrix}a_{11} & a_{12} & \cdots & a_{1n}\\ \vdots & \cdots & & \vdots\\ ka_{j1} & ka_{j2} & \cdots & ka_{jn}\\ \vdots & \cdots & & \vdots\\ a_{n1} & a_{n2} & \cdots & a_{nn}\end{vmatrix}=k\begin{vmatrix}a_{11} & a_{12} & \cdots & a_{1n}\\ \vdots & \cdots & & \vdots\\ a_{j1} & a_{j2} & \cdots & a_{jn}\\ \vdots & \cdots & & \vdots\\ a_{n1} & a_{n2} & \cdots & a_{nn}\end{vmatrix}$$

例）$\begin{vmatrix}ka & b\\ kc & d\end{vmatrix}=kad-kbc=k(ad-bc)=k\begin{vmatrix}a & b\\ c & d\end{vmatrix}$

④ 行列式の2つの行どうし、または列どうしを入れ替えると行列式の符号が変わる。

$$\begin{vmatrix} a_{11} & a_{12} & \cdots & a_{1n} \\ \vdots & & \cdots & \vdots \\ a_{j1} & a_{j2} & \cdots & a_{jn} \\ \vdots & & \cdots & \vdots \\ a_{l1} & a_{l2} & \cdots & a_{ln} \\ \vdots & & \cdots & \vdots \\ a_{n1} & a_{n2} & \cdots & a_{nn} \end{vmatrix} = -\begin{vmatrix} a_{11} & a_{12} & \cdots & a_{1n} \\ \vdots & & \cdots & \vdots \\ a_{l1} & a_{l2} & \cdots & a_{ln} \\ \vdots & & \cdots & \vdots \\ a_{j1} & a_{j2} & \cdots & a_{jn} \\ \vdots & & \cdots & \vdots \\ a_{n1} & a_{n2} & \cdots & a_{nn} \end{vmatrix}$$

例） $\begin{vmatrix} a & b \\ c & d \end{vmatrix} = ad - bc$ 、$\begin{vmatrix} c & d \\ a & b \end{vmatrix} = bc - ad$ より、$\begin{vmatrix} a & b \\ c & d \end{vmatrix} = -\begin{vmatrix} c & d \\ a & b \end{vmatrix}$

⑤ 行列式の1つの行または列の要素がすべて0であれば、行列式は0である。

$$\begin{vmatrix} a_{11} & a_{12} & 0 & a_{1n} \\ \vdots & \cdots & 0 & \vdots \\ a_{j1} & a_{j2} & 0 & a_{jn} \\ \vdots & \cdots & 0 & \vdots \\ a_{n1} & a_{n2} & 0 & a_{nn} \end{vmatrix} = 0$$

例） $\begin{vmatrix} a & 0 \\ c & 0 \end{vmatrix} = 0 - 0$

⑥ 行列式の2つの行または列の対応する要素が等しい場合、行列式の値は0になる。

$$\begin{vmatrix} a_{11} & a_{12} & \cdots & a_{1n} \\ & & \cdots & \\ a_{l1} & a_{l2} & \cdots & a_{ln} \\ & & \cdots & \\ a_{l1} & a_{l2} & \cdots & a_{ln} \\ & & \cdots & \\ a_{n1} & a_{n2} & \cdots & a_{nn} \end{vmatrix} = \begin{vmatrix} a_{11} & a_{12} & \cdots & a_{1n} \\ & & \cdots & \\ a_{l1} - a_{l1} & a_{l2} - a_{l2} & \cdots & a_{ln} - a_{ln} \\ & & \cdots & \\ a_{l1} & a_{l2} & \cdots & a_{ln} \\ & & \cdots & \\ a_{n1} & a_{n2} & \cdots & a_{nn} \end{vmatrix} = 0$$

例） $\begin{vmatrix} a & a \\ c & c \end{vmatrix} = \begin{vmatrix} a-a & a \\ c-c & c \end{vmatrix} = \begin{vmatrix} 0 & a \\ 0 & c \end{vmatrix} = 0$

⑦ 行列式の１つの行または列の各要素を定数倍して他の行または列に加えても引いても行列式の値は変わらない。

$$\begin{vmatrix} a_{11} & a_{12} & \cdots & a_{1n} \\ & & \cdots & \\ a_{j1}+ka_{l1} & a_{j2}+ka_{l2} & \cdots & a_{jn}+ka_{ln} \\ & & \cdots & \\ a_{l1} & a_{l2} & \cdots & a_{ln} \\ & & \cdots & \\ a_{n1} & a_{n2} & \cdots & a_{nn} \end{vmatrix} = \begin{vmatrix} a_{11} & a_{12} & \cdots & a_{1n} \\ & & \cdots & \\ a_{l1} & a_{l2} & \cdots & a_{ln} \\ & & \cdots & \\ a_{j1} & a_{j2} & \cdots & a_{jn} \\ & & \cdots & \\ a_{n1} & a_{n2} & \cdots & a_{nn} \end{vmatrix}$$

例）$\begin{vmatrix} a \pm kb & b \\ c \pm kd & d \end{vmatrix} = d\left(a \pm kb\right) - b\left(c \pm kd\right) = ad \pm kbd - bc \pm kbd = ad - bc$

例題６）行列式の基本定理を使用して、$\begin{vmatrix} 16 & 12 & 8 \\ -8 & 6 & 4 \\ 1 & 6 & 7 \end{vmatrix}$を計算せよ。

例解）

$$\begin{vmatrix} 16 & 12 & 8 \\ -8 & 6 & 4 \\ 1 & 6 & 7 \end{vmatrix} = \begin{vmatrix} 4\cdot 4 & 4\cdot(-3) & 4\cdot 2 \\ -8 & 6 & 4 \\ 1 & 6 & 7 \end{vmatrix} = 4\begin{vmatrix} 4 & -3 & 2 \\ -8 & 6 & 4 \\ 1 & 6 & 7 \end{vmatrix} = 4\cdot 2\begin{vmatrix} 4 & -3 & 2 \\ -4 & 3 & 2 \\ 1 & 6 & 7 \end{vmatrix}$$

$$= 4\cdot 2\begin{vmatrix} 0 & 0 & 4 \\ -4 & 3 & 2 \\ 1 & 6 & 7 \end{vmatrix} = 4\cdot 2\cdot 4\begin{vmatrix} -4 & 3 \\ 1 & 6 \end{vmatrix} = 4\cdot 2\cdot 4\begin{vmatrix} -4 & 3 \\ 9 & 0 \end{vmatrix} = 4\cdot 2\cdot 4\cdot\left(-27\right) = -864$$

⑧ 行列式の応用例

外積の成分表示

$\vec{a} = a_1\boldsymbol{i} + a_2\boldsymbol{j} + a_3\boldsymbol{k}$ 、$\vec{b} = b_1\boldsymbol{i} + b_2\boldsymbol{j} + b_3\boldsymbol{k}$ のとき、$\vec{a}$ と $\vec{b}$ の外積の成分表示は、行列式を用いて、

$$\vec{a}\times\vec{b} = \begin{vmatrix} a_2 & a_3 \\ b_2 & b_3 \end{vmatrix}\boldsymbol{i} + \begin{vmatrix} a_3 & a_1 \\ b_3 & b_1 \end{vmatrix}\boldsymbol{j} + \begin{vmatrix} a_1 & a_2 \\ b_1 & b_2 \end{vmatrix}\boldsymbol{k}$$

のように表すことができる。さらに、この式は、

$$\vec{a} \times \vec{b} = \begin{vmatrix} \boldsymbol{i} & \boldsymbol{j} & \boldsymbol{k} \\ a_1 & a_2 & a_3 \\ b_1 & b_2 & b_3 \end{vmatrix}$$

の形に表すことができる。

5．8　行列式の積

二つの正方行列$\boldsymbol{A}$，$\boldsymbol{B}$の行列式の積は、行列の積の行列式に等しい。すなわち、

$$|\boldsymbol{A}\boldsymbol{B}| = |\boldsymbol{A}||\boldsymbol{B}|$$

である。

例）$\boldsymbol{A} = \begin{pmatrix} a & b \\ c & d \end{pmatrix}$，$\boldsymbol{B} = \begin{pmatrix} e & f \\ g & h \end{pmatrix}$のとき、$\boldsymbol{A}\boldsymbol{B} = \begin{pmatrix} ae+bg & af+bh \\ ce+dg & cf+dh \end{pmatrix}$より、

$$\begin{aligned} \begin{vmatrix} ae+bg & af+bh \\ ce+dg & cf+dh \end{vmatrix} &= (ae+bg)(cf+dh)-(af+bh)(ce+dg) \\ &= ad(eh-fg)-bc(eh-gf) = (ad-bc)(eh-fg) \\ &= \begin{vmatrix} a & b \\ c & d \end{vmatrix}\begin{vmatrix} e & f \\ g & h \end{vmatrix} \end{aligned}$$

5．9　逆行列

一般にｎ次の正方行列$\boldsymbol{A}$と行列$\boldsymbol{A}$の余因子行列 $adj\boldsymbol{A}$を以下のように定義する。

$$\boldsymbol{A} = \begin{pmatrix} a_{11} & a_{12} & \cdots & a_{1n} \\ a_{21} & a_{22} & \cdots & a_{2n} \\ & \cdots & \cdots & \\ a_{n1} & a_{n2} & \cdots & a_{nn} \end{pmatrix}$$

$$adj\,\boldsymbol{A} = \begin{pmatrix} \boldsymbol{A}_{11} & \boldsymbol{A}_{21} & \cdots & \boldsymbol{A}_{n1} \\ \boldsymbol{A}_{12} & \boldsymbol{A}_{22} & \cdots & \vdots \\ \vdots & \cdots & \cdots & \vdots \\ \boldsymbol{A}_{1n} & \cdots & \cdots & \boldsymbol{A}_{nn} \end{pmatrix}$$

両者の積は、

$$A \cdot adj\, A = \begin{pmatrix} |A| & 0 & 0 \\ 0 & \ddots & 0 \\ 0 & 0 & |A| \end{pmatrix} = |A| \begin{pmatrix} 1 & 0 & 0 \\ 0 & \ddots & 0 \\ 0 & 0 & 1 \end{pmatrix} = |A| E$$

となるので、$|A| \neq 0$ のとき、$X = \dfrac{adj\, A}{|A|}$ とおけば、

$$A X = E$$

となる。同様に、

$$X A = \frac{adj\, A}{|A|} \cdot A = \frac{1}{|A|} adj\, A \cdot A = E$$

より、

$$X = A^{-1} = \frac{adj\, A}{|A|}$$

となり、X は行列 A の逆行列 A^{-1} である。

５．１０　クラメールの公式

$x_i \ (i = 1, 2, \cdots, n)$ を未知数とする連立ｎ元１次方程式

$$\begin{cases} a_{11}x_1 + a_{12}x_2 + \cdots + a_{1n}x_n = b_1 \\ a_{21}x_1 + a_{22}x_2 + \cdots + a_{2n}x_n = b_2 \\ \\ a_{n1}x_1 + a_{n2}x_2 + \cdots + a_{nn}x_n = b_n \end{cases}$$

の係数行列 A が正則である場合、この方程式の解は、

$$x_j = \frac{1}{|A|} \begin{vmatrix} a_{11} & \cdots & a_{1\,j-1} & b_1 & a_{1\,j+1} & \cdots & a_{1n} \\ a_{21} & & a_{2\,j-1} & b_2 & a_{2\,j+1} & & a_{2n} \\ \cdots & & \cdots & \vdots & \cdots & & \cdots \\ a_{n1} & \cdots & a_{n\,j-1} & b_n & a_{n\,j+1} & \cdots & a_{nn} \end{vmatrix} \qquad (j = 1, 2, \cdots, n)$$

によって与えられる。

例）$\begin{cases} 2x + y - z = 0 \\ 2x - 3y - 4z = 9 \\ 3x + y + 2z = 5 \end{cases}$　をクラメールの公式を用いて解く。

$$|\boldsymbol{A}| = \begin{vmatrix} 2 & 1 & -1 \\ 2 & -3 & -4 \\ 3 & 1 & 2 \end{vmatrix} = \begin{vmatrix} 0 & 1 & 0 \\ 8 & -3 & -7 \\ 1 & 1 & 3 \end{vmatrix} = \begin{vmatrix} 8 & -7 \\ 1 & 3 \end{vmatrix} = 24 + 7 = 31 \neq 0$$

$$x = \frac{1}{31}\begin{vmatrix} 0 & 1 & -1 \\ 9 & -3 & -4 \\ 5 & 1 & 2 \end{vmatrix} = \frac{1}{31}\begin{vmatrix} 0 & 1 & 0 \\ 9 & -3 & -7 \\ 5 & 1 & 3 \end{vmatrix} = \frac{1}{31}\begin{vmatrix} 9 & -7 \\ 5 & 3 \end{vmatrix} = \frac{27 + 35}{31} = 2$$

$$y = \frac{1}{31}\begin{vmatrix} 2 & 0 & -1 \\ 2 & 9 & -4 \\ 3 & 5 & 2 \end{vmatrix} = \frac{1}{31}\begin{vmatrix} 0 & 0 & -1 \\ -6 & 9 & -4 \\ 7 & 5 & 2 \end{vmatrix} = \frac{-1}{31}\begin{vmatrix} -6 & 9 \\ 7 & 5 \end{vmatrix} = \frac{-30 - 63}{31} = 3$$

$$z = \frac{1}{31}\begin{vmatrix} 2 & 1 & 0 \\ 2 & -3 & 9 \\ 3 & 1 & 5 \end{vmatrix} = \frac{1}{31}\begin{vmatrix} 0 & -1 & 0 \\ 8 & -3 & 9 \\ 1 & 1 & 5 \end{vmatrix} = \frac{1}{31}\begin{vmatrix} 8 & 9 \\ 1 & 5 \end{vmatrix} = \frac{40 - 9}{31} = 31$$

６．物の集まりのとらえ方

６．１　集合と要素

ある性質をみたす「もの」とほかの「もの」とに区別できる「もの」の集まりを集合という。この集合を構成する一つひとつの「もの」をその集合の要素または元という。集合は普通、A, B, C,・・・と大文字で表し、要素はいろんな事柄の代表としてａ，ｂ，ｃなどの小文字で表すことが多い。つまり、集合Aは、ａ，ｂ，ｃ,・・・が要素のとき、

A＝{ａ，ｂ，ｃ,・・・}

と表される。例えば、Aを中国地方の県名とするとき、ａ，ｂ，ｃ,・・・は、岡山県、広島県、山口県、鳥取県、島根県となり、

A＝{岡山県、広島県、山口県、鳥取県、島根県}

と表される。また、ある要素ａが集合Aの要素である場合、ａはAに属するといい、$a \in A$と書く。集合Aに属さない場合は、$a \notin A$と書く。例えば、広島県は中国地方に属するので、広島県$\in A$と表し、兵庫県は中国地方には無いので、兵庫県$\notin A$と表す。

数学では、範囲のはっきりした数の集まり表すのに集合の考え方を用い、

$A = \{2, 4, 6, 8\}$　　$A = \{x \notin \boldsymbol{R} \mid x^2 - 3x - 10 \leq 0\}$　$\boldsymbol{R}$は実数全体

などと表す。

６．２　集合の関係

（１）部分集合

集合Aが与えられていて、そのなかの要素をいくつか取り出して新しい集合Bを作る。この場合、集合Bの要素はすべて集合Aに含まれているので、集合Bを集合Aの部分集合といい、$B \subseteq A$と表す。$A \subseteq B$でありかつ$B \subseteq A$のとき、集合Aと集合Bは同じ集合（A=B）になる。

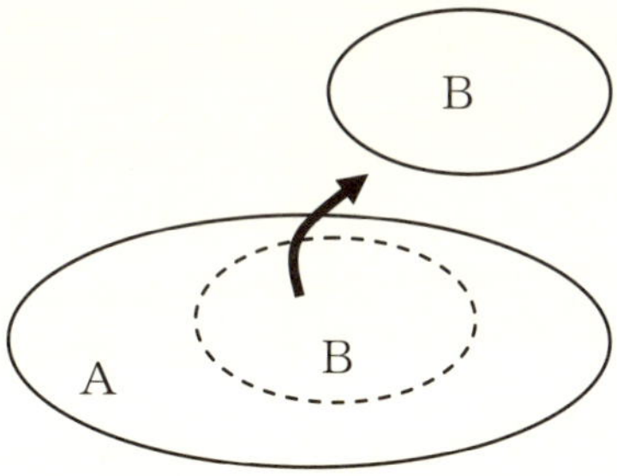

図　6．1

$A=B$を含まないときの部分集合を真部分集合といい$B \subset A$と書く。要素をひとつも持たない集合{　}を空集合といい、ϕ ={　}と表す。空集合ϕは任意の集合Aの部分集合のひとつである。

（2）和集合

2 つの集合A，Bがあり、この 2 つの集合のいずれかに属している要素の集合を集合Aと集合Bの和集合といい、記号$A \cup B$で表す。

$$A \cup B = \{a \mid a \in A \text{ または } a \in B\}$$

（3）共通部分

2 つの集合A，Bがあり、この 2 つの集合の両方に属している要素の集合を集合Aと集合Bの共通部分といい、記号$A \cap B$で表す。

$$A \cap B = \{a \mid a \in A \text{ かつ } a \in B\}$$

（4）差集合

2 つの集合A，Bがあり、集合Aには属するが、集合Bには属さない要素の集合を集合Aと集合Bの差集合といい、記号$A-B$で表す。

$$A - B = \{a \mid (a \in A) \cap (a \notin B)\}$$

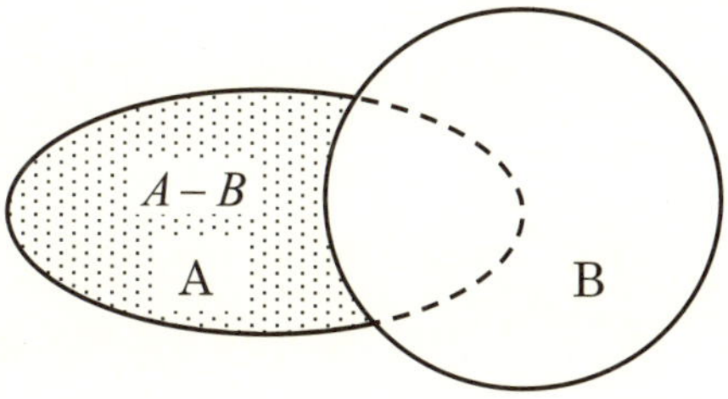

図　6．2

逆に、集合Bには属するが、集合Aには属さない要素の集合を集合Bと集合Aの差集合といい、記号$B-A$で表す。

$$B-A=\left\{a\middle|(a\notin A)\cap(a\in B)\right\}$$

（5）全体集合と補集合

集合Aが与えられていて、この集合を部分集合とするようなすべての要素の集まった集合を全体集合という。また、集合Aに含まれない要素の集まりを集合Aの補集合という。全体集合は、記号Uで表すことが多く、集合Aの補集合は、記号$\overline{A}$または記号A^Cで表す。

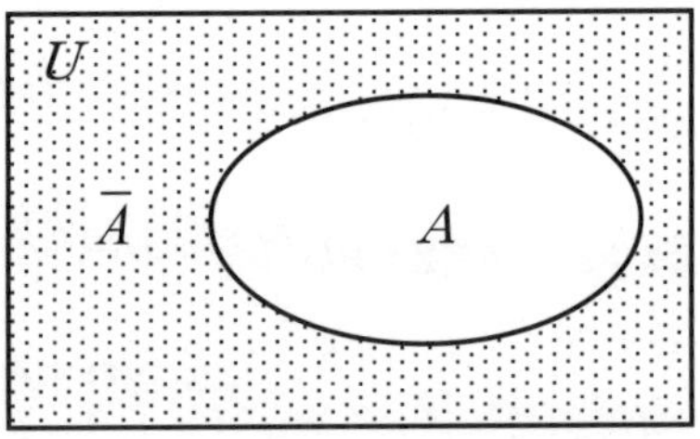

図 6．3

例えば、全国の都道府県のなかで集合Ａとして中国５県を考えている場合、全体集合は、U={全国の都道府県}であり、補集合は$\overline{A}$={中国５県以外のすべての都道府県}となる。数学では、全体集合Uの部分集合Aの要素をｘとした場合、補集合を$\overline{A}=\{x\mid x\notin A\}$などと表す。定義から、

$$\overline{U}=\phi、\ A\cap\overline{A}=\phi、\ A\cup\overline{A}=U$$

などが成り立つ。

（6）全体集合と部分集合と補集合の関係

全体集合をU, これに含まれる２つの部分集合A, Bとするとき、全体集合Uは４つの部分集合、$A\cap B, A\cap\overline{B}, \overline{A}\cap B, \overline{A}\cap\overline{B}$に分かれる。部分集合のうち、たとえば、$A\cap\overline{B}$と$\overline{A}\cap B$は差集合、

$$A\cap\overline{B}=\left\{a\middle|(a\in A)\cap(a\notin B)\right\}=A-B$$
$$\overline{A}\cap B=\left\{a\middle|(a\notin A)\cap(a\in B)\right\}=B-A$$

を表している。

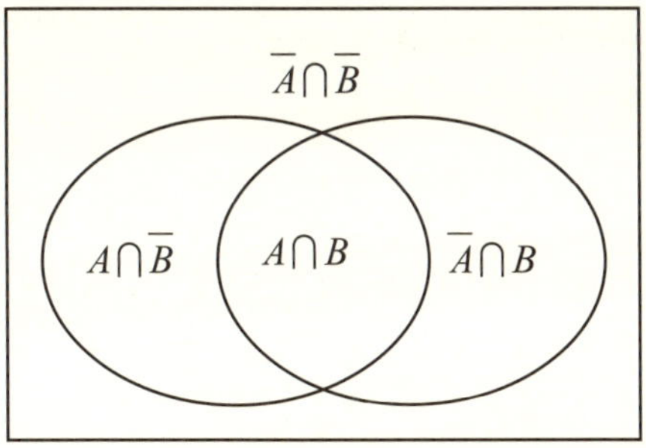

図　6．3

（7）ド・モルガンの定理

和集合の否定、共通部分の否定には

$$\overline{A\cup B}=\overline{A}\cap\overline{B},\qquad \overline{A\cap B}=\overline{A}\cup\overline{B}$$

の関係が成り立つ。これをド・モルガンの法則と言う。

直積

２つの集合A，Bがあり、Aの要素xとBの要素yの順序を考えた要素の組(a,b)が作る集合を直積といい、

$$A\times B=\{(a,b)|(x\in A),(y\in B)\}$$

と表す。たとえば、$A=\{1,2,3\}$，　$B=\{a,b\}$のとき、直積集合は、

$$A\times B=\{(1,a),(1,b),(2,a),(2,b),(3,a),(3,b)\}$$

の６個の要素より成り立つ。また、

$$B\times A=\{(a,1),(a,2),(a,3),(b,1),(b,2),(b,3)\}$$

となる。このことより、$A\times B$は$B\times A$とは異なるのがわかる。

６．３　集合の要素の個数

有限個の要素からなる集合を有限集合といい、要素の個数は $n(A)$と表される。例えば、サイコロをふる場合、可能性のある出る目の集まりを集合Aとし、出る目の数の１～６を一つひとつの要素とすると、集合Aの要素の個数は、$n(A)=6$と表される。要素が無数にある集合を無限集合という。たとえば、集合Aを自然

数の集まりとした場合、要素は無数にあるので無限集合である。

全体集合Uが有限集合のとき、部分集合Aと部分集合Bの和集合$A \cup B$の要素の数は、

$$n(A \cup B) = n(A) + n(B) - n(A \cap B)$$

と表される。ここで、$A \cap B = \phi$のとき、$n(A \cap B) = 0$となるので、

$$n(A \cup B) = n(A) + n(B)$$

となる。また、全体集合U、部分集合Aが有限集合のとき、集合Aと補集合$\overline{A}$の要素には、

$$n(\overline{A}) = n(U) - n(A)$$

が成り立つ。

例題1）

1．集合 U＝{x | 1≦x≦9, x は自然数} の部分集合A, Bにおいて$\overline{A} \cap B = \{1,3,6\}$、$A \cap \overline{B} = \{2,5,8\}$、$\overline{A} \cap \overline{B} = \{4,7\}$であるとき、集合$A$, Bを求めよ。

2．100から200までの整数のうち、次の整数の個数を求めよ。

(1) 5かつ8の倍数

(2) 5または8の倍数

(3) 5でも8でも割り切れない数。

(4) 5で割り切れて8で割り切れない数。

例解）

1．$A = \{2,5,8,9\}$, $B = \{1,3,6,9\}$

2．100から200までの整数で5の倍数の集合をA、8の倍数の集合をBとする。

A, Bの要素の数は$n(A) = 40 - 19 = 21$、$n(B) = 25 - 12 = 13$となる。

(1)は40の倍数となり、$A \cap B = \{40 \times 3, 40 \times 4, 40 \times 5\}$なので、$n(A \cap B) = 3$

(2)は$A \cup B$なので、$n(A \cup B) = 21 + 13 - 3 = 31$

(3)は$\overline{A} \cap \overline{B}$なので、$n(\overline{A} \cap \overline{B}) = n(\overline{A \cup B}) = n(U) - n(A \cup B) = 101 - 31 = 70$

(4)は$A \cap \overline{B}$なので、$n(A \cap \overline{B}) = n(A) - n(A \cap B) = 21 - 3 = 18$

である。

６．４　場合の数

（１）和の法則

2 つの事柄があってそれらは同時には起こらないとする。一方の起こり方がａ通り、他方の起こり方がｂ通りであるとすると、2 つの事柄のいずれかが起こる場合の数は、和集合の要素の場合の数より、

$$A \cap B = \phi$$

なので、ａ＋ｂ通りである。

例）　大小 2 つのサイコロがある時、たして 4 の倍数となる場合は、

	和が 4			和が 8					和が 12
大	1	2	3	2	3	4	5	6	6
小	3	2	1	6	5	4	3	2	6

より、和が 4 になる場合は 3 通り、和が 8 になる場合は 5 通り、12 になる場合は 1 通りであり、これらは同時には起こらない。したがって、すべての場合の数は、3+5+1 の 9 通りとなる。

（２）積の法則

２つの事柄があって、一方の起こり方がａ通りあり、そのおのおのに対して他方がｂ通り起こるとすると、両者がともに起こる場合の数はａ×ｂ通りである。

例）　大学から駅に行くのには、スクールバス、ＪＲの２通りの方法があり、駅から自宅まではタクシー、自家用車、バスの 3 通りがある。駅を経由して大学から自宅に帰る方法は 2×3 の 6 通りとなる。

（３）順列

今、みかんとリンゴと柿とバナナがある。これらから 3 つを選んで順番に並べるとしてその並べ方は何通りあるか。

最初にみかんを選んだら次はリンゴか柿かバナナであり選び方は 3 通りある。2 つ目が決まると次は残りの 2 つのどちらかを選択することになる。つまり、みかんを最初に選んだ場合は、3×2 通りの並べ方がある。最初に選べるものは 4 通りあり、それぞれに 6 通りの並べ方があるので、並べ方は全部で 4×3×2 通り

あることになる。このように、異なるｎ個のものからｒ個を取り出して１列に並べる場合の並べ方の個数を知る方法を順列といい ${}_nP_r$ で表し、

$$ {}_nP_r = n(n-1)(n-2)\cdots(n-r+1) $$

を意味する。

一般に、異なるｎ個のものをすべて１列に並べる（ｒ＝ｎ）場合、

$$ {}_nP_n = n(n-1)(n-2)\cdots 2\cdot 1 = n! $$

となり、ｒ＜ｎの場合、

$$ {}_nP_r = \frac{n(n-1)(n-2)\cdots 3\cdot 2\cdot 1}{(n-r)!} = \frac{n!}{(n-r)!} $$

となる。ただし、０！＝１とする。

例題２） 図のA, B, C, D, Eの各領域を色分けしたい。隣り合った領域には異なる色を使い、指定された数の色は全部使うこととする。塗り方は、
(1) ５色を用いる場合、 (2) ３色を用いる場合で何通りあるか。

<table>
<tr><td colspan="2">A</td><td colspan="2">B</td></tr>
<tr><td>C</td><td colspan="2">D</td><td>E</td></tr>
</table>

例解）
(1) ${}_5P_5$ (2) AとE、BとCは同じ色でも構わないので、${}_3P_3$

（４）組合せ

みかんとリンゴと柿とバナナから、順序を考えずに ３ つ選ぶ場合で考えると、最初にみかんを選んだ場合、順序を考えに入れないと、たとえば、みかん、リンゴ、柿の組とみかん、柿、リンゴの組は同じ組みになる。つまり３個を選んでも順序を考えないと３個の順列に相当する 3×2 の場合の数だけ組の数が少なくなる。したがって４種類の果物から３種類の果物を選ぶ組合せの数は、

$\frac{4\times3\times2}{3\times2}$ になり、４通りになる。このように、異なるｎ個のものから、並べる順序を無視して、ｒ個を取り出してつくることのできる組の数を知る方法を組合せといい、${}_nC_r$ または $\binom{n}{r}$ で表す。これは、異なるｎ個のものからｒ個取り出したときその組に対して順序を考えるとそれぞれの組に $r!$ 個の順序があるので、

${}_nP_r = {}_nC_r \times r!$から、

$$ {}_nC_r = \binom{n}{r} = \frac{{}_nP_r}{r!} = \frac{n!}{r!(n-r)!} $$

となる。ただし、${}_1C_0 = 1$である。

また、異なるｎ個からｒ個を取り出すことは、残りの$(n-r)$個を取り出すことと同じなので、

$$ {}_nC_r = \binom{n}{r} = {}_nC_{n-r} = \binom{n}{n-r} $$

の関係も成立する。

例題３）９人の生徒を次のように分けるとき、その方法は幾通りあるか。
(1) ９人を４人、３人、２人の３組に分ける方法
(2) ９人を３人ずつ、Ｘ、Ｙ、Ｚの組に分ける方法
(3) ９人を３人ずつ３組に分ける方法

例解）
(1) ９人から４人を選び、次に３人を選ぶと、

$$ {}_9C_4 \times {}_5C_3 = \frac{9!}{4!\times 5!} \cdot \frac{5!}{3!\times 2!} = 126 \times 10 = 1260 $$

(2) 最初３人を選んでＸとし、次に残った６人から６人を選んでＹとすると、

$$ {}_9C_3 \times {}_6C_3 = 84 \times 20 = 1680 $$

(3) Ｘ、Ｙ、Ｚの組分けの違いがなくなるので、(2)の場合より${}_3P_3$だけ組合せの数が少なくなるので${}_9C_3 \times {}_6C_3 \div {}_3P_3 = 84 \times 20 \div 6 = 280$

（５）同じものを含む場合の順列

同じものを含む場合の順列の問題は、位置についての組合せの考え方が適用される。ｎ個のものの内、ｐ個は同じもの、ｑ個は別の同じもの、ｒ個はまた別の同じもの・・・であるとき、ｎ個のものを全部使って作られる順列の総数は、ｎ個の位置にｐ個、ｑ個、ｒ個、・・・のものを置く位置を選ぶ方法の数に相当するので、

n

a	b	a	b	c	a	・・・・・・	c	A	b

$$ {}_nC_p \times {}_{n-p}C_q \times {}_{n-p-q}C_r \times \cdots = \frac{n!}{p!q!r!\cdots} \qquad (p+q+r+\cdots=n) $$

となる。

例題４）　右のような街路で、ＰからＱまで行く最短経路は、次の場合について何通りあるか。

(1) 総数　　(2) Ｘを通らない経路

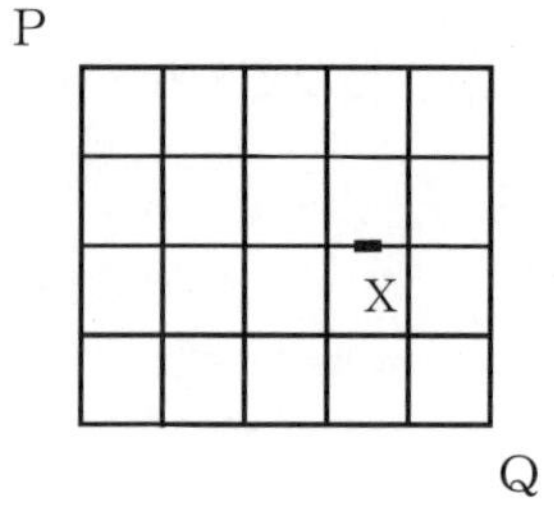

例解）

(1) $\frac{9!}{5!\cdot 4!}$　　(2) すべての経路から Ｘ を通る経路を引くと、$\frac{9!}{5!\cdot 4!} - \frac{5!}{3!\cdot 2!} \times \frac{3!}{1!\cdot 2!} = 96$ となる

（６）同じものを含む場合の組合せ

同じものを含む場合の組合せは、同じものを仕分ける仕切りの位置の考え方が適用される。異なるｎ個のものから、同じものを取ることを許して、ｒ個とる組合せの数は、たとえば、３種類の果物から重複を許して５個を選ぶ場合、

☆☆｜△△｜○，　☆｜△｜○○○，　☆｜｜○○○○，・・・

のように取り出す個数ｒとそれらを仕分ける仕切りの数によって場合の総数が決る。これは、仕切りと果物に分けて考えると、７個の場所から２個と５個の場合を選ぶ組合せの数になっている。すなわち、ｎ個のものからｒ個のものを選ぶ重複組合せの数は、

$$ {}_{n-1+r}C_r = \frac{(n+r-1)!}{r!\cdot(n-1)!} = {}_{n-1+r}C_{n-1} $$

となる。

例題５）７個のりんごを３人で分配する。１個ももらわない人があってもよいとすると何通りの分け方があるか。

例解）りんご７個に仕切りの位置をどう選ぶかと考えると、

○○｜｜○○○○○，○○｜○○○○｜○，○｜○｜○○○○○，・・・より、

${}_{3-1+7}C_7 = {}_{3-1+7}C_2 = \frac{9!}{7!\cdot 2!} = 36$ となる。

7. 不規則性のなかにある規則性

7. 1 不確実なことと確率

私たちはこれから先何が起こるかを特別に意識することなく日常生活を送っている。このことは暗々裏にこれから先のできごとがこれまでと大きく違わないと期待できているからに他ならない。しかし、何かの理由で突然こうした日常性が失われることでこれまでの経験や知識に基づく将来予測が必要な場合が生じる。しかし、通例、これから先起ることについては多くの不確実性を伴わざるを得ない。例えば、今は何も無くても突然地震に遭遇するかもしれないし、今は健康でも、明日、体調を崩して仕事ができないかもしれない。このような不確実性の高い状況は、多くの場合望ましいとはいえない。

望ましくない状況を避けるには不確実性を少なくするための「情報」が必要になる。例えば、明日の天気では気象予報という形で、交通安全では不安全行動の学習という形でなんらかの情報が与えられることにより不確実性を少なくすることができる。

図 7. 1

これに対して、将来のことが分らないのはそのことに関する知識が不足しているだけで不確実性はないとする考え方がある。これはなんらかの結果にはその結果を引き起こした原因（因果関係）があるとするもので、例えば、明日の天気が不確実なのは、大気についての知識が不完全なためとするものである。しかし、何かの現象に因果関係を認めることとこれから先に何が生じるかを決めることとは意味が異なる。例えば、物体の運動が途中の空気抵抗により変化したとする。運動の変化の原因となる大気現象の複雑さを一つひとつ理解することと、物体の運動を決めるこれから先の大気の多様な変化のひとつを選択することとは明らかに異なる。これから先の状態には無限の可能性がありその因果をすべて突き詰めて次の状態を決定することは不可能である。

間断なく何かが生じている現在は、これまでとこれから先の無限の可能性とが織り成す結節点として繰り返すことのないあるひとつの状態が実現されているにすぎない。このように時間とともに変化する多様な選択肢の中からどの関係が実現するかは、決定論的な考え方ではなく、不確実性を取り扱う確率論的な考え方を用いなければ問題を解決することはできない。例えば、天候は、これから先の気象の変化の無限の可能性の中のひとつが時系列的に実現されることから、まずは天気を晴れ、曇り、雨、雪・・・とカテゴリー分けをし、そのなかの何れかが起こる可能性を量的に（確率で）表すことにより将来に対する不確実性の取り扱いを可能にしている。

確率はある事柄が起こってみなければ決めることができない。ここでは起こる可能性のある事柄がすべて明確な場合と起こる可能性のある事柄がすべては分からないが観察や実験によって得られた情報からある事柄全体の持つ不確実性をとらえられる場合を取り扱うことにする。

7．2　起こる可能性のとらえ方

確率は不確実性を表現するものであるが、多くの場合「サイコロの目が 1～6 まである」というように、結果の可能性の範囲が分っていることを前提にする。この可能性の範囲は、例えば図に示すように、袋のなかから色鉛筆を取り出す場合には、試行によって取り出すことのできる色鉛筆の組み合わせの総数になる。この起こり得るすべての場合の集まり（集合）を標本空間という。

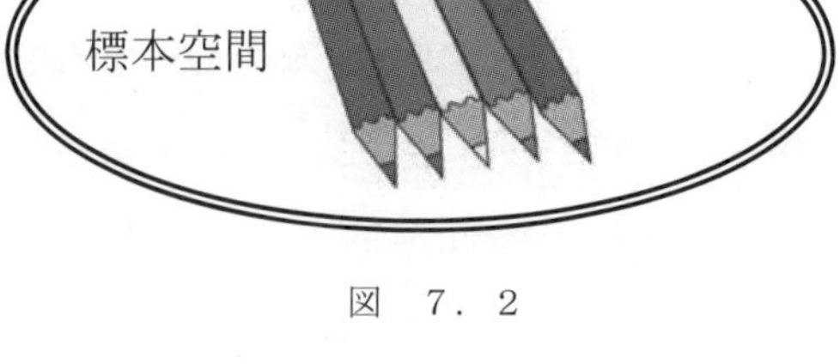

図　7．2

確率ではこの標本空間を決めることが最初の課題になる。標本空間を構成する一つひとつの要素を標本点という。標本空間が定まれば、ある試行において、特定の標本点の集まり（事象）に着目し、その事象が起こる可能性を数値で表すとき、これを特定の事象の起こる確率という。

今、標本空間をUとし、ある事象の集合をAとするとき、起こり得るすべての場合がm通り、事象Aの起こる場合の数がa通りであるならば、

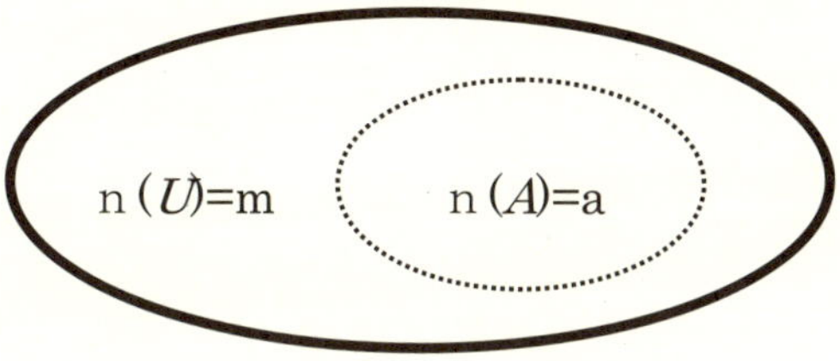

図　7．3

事象Aの起こる確率は、

$$P(A)=\frac{a}{m}$$

となる（数学的確率）。ただし、ここでは事象はどの 2 つも重複しては起こらないこと、また、どの事象が起こることも同様に確からしいことが求められる（同様な確からしさの原理）。

ある試行によって得られた統計的資料の総数が N で、この資料で事象 A の起こった回数が r であるとき、r の N に対する比

$$P_A=\frac{r}{N}$$

を事象 A の起こる相対度数という。相対度数で N が極めて大きくなったとき、P_Aが一定値 P に近づく場合、

$$P=\lim_{N\to\infty}\frac{r}{N}$$

を事象 A の起こる統計的確率という。

また、全事象をUとし、Uのなかの任意の事象をAとすると、これらの起こる確率には、

$$0 \leq P(A) \leq 1, \quad P(U)=1, \quad P(\phi)=0 \qquad (\phi \text{は空集合})$$

の関係がある。空集合の事象は、その事象が生じないことを意味している。

7．3　確率の基本定理

（1）加法定理

全事象をUとして、任意の事象A, Bが同時に起らない($A \cap B = \phi$)ときA, Bを排反事象という。A, Bが排反事象のとき、

$$P(A \cup B) = P(A) + P(B)$$

A, Bが必ずしも排反でないとき、

$$P(A \cup B) = P(A) + P(B) - P(A \cap B)$$

となる。

例題1）赤3、白5の入っている袋から玉を2個とりだす。2個とも同じ色の玉になる確率を求めよ。

例解）同じ色になるのは、A: 赤赤とB: 白白の場合である。赤赤の確率は、$\dfrac{{}_3C_2}{{}_8C_2}$であり、白白の確率は$\dfrac{{}_5C_2}{{}_8C_2}$である。両者は同時には起こらないので

$P(A \cup B) = \dfrac{{}_3C_2 + {}_5C_2}{{}_8C_2} = \dfrac{13}{28}$となる。

（2）余事象の定理

全事象をUとして、ある事象Aが起こらない事象をAの余事象という。事象と余事象は排反の関係にあるので、Aの余事象を$\overline{A}$とすると、

$$P(A) + P(\overline{A}) = 1 \quad \text{すなわち} \quad P(\overline{A}) = 1 - P(A)$$

となる。

（3）独立事象の乗法定理

2つの事象A, Bがあって、Aの事象の起こることとBの事象の起こることがお互いに影響を受けない場合、事象A, Bは互いに独立であるという。独立な事象A, Bが同時にまたは続けて起る確率は、

$$P(A \cap B) = P(A) \cdot P(B)$$

となる。

例題２）　３人の学生がある的に向かってボールを投げるとき、各自の的に当てる確率は、それぞれ$\frac{2}{5}, \frac{1}{2}, \frac{3}{5}$であるという。この３人が的に向かってボールを投げるとき、少なくともひとりが的に当てる確率を求めよ。

例解）学生がボールを的に当てるかどうかは独立と考えられる。少なくともひとりが当てる確率は、１から全員が当たらない確率を引いて得られるので、

$$1 - \left(1 - \frac{2}{5}\right)\left(1 - \frac{1}{2}\right)\left(1 - \frac{3}{5}\right) = \frac{22}{25}$$

同じ確率の独立な試行が繰り返されるときの確率を反復試行の確率という。１回の試行で事象Aが起る確率をpとしこの試行をｎ回行うとき、事象Aがｒ回起る反復試行の確率は、

$$_nC_r\, p^r q^{n-r} \quad \text{ただし、} q = 1 - p \quad (r = 0, 1, 2, 3 \cdots, n)$$

となる。

例題３）１個のサイコロを６回投げるとき、１の目がちょうど２回出る確率を求めよ。

例解）１回の試行で１の目が出る確率は$\frac{1}{6}$、それ以外が出る確率は$\frac{5}{6}$である。

１の目が２回出る出方は、$_6C_2 = \frac{6!}{2! \cdot 4!} = 15$とおりなので、$_6C_2\left(\frac{1}{6}\right)^2\left(\frac{5}{6}\right)^4 = 0.20$となる。

（４）従属事象の乗法定理

２つの事象A, Bがあり、事象Aが起こるか起こらないかによって事象Bが影響を受けるとき、これらA, Bの事象は互いに従属であるという。

Aが起ったときにBが起る確率を条件付き確率といい、$P_A(B)$または$P(B/A)$

で表す。条件付確率 $P_A(B)$ は、

$$P_A(B)=\frac{n(A\cap B)}{n(A)}=\frac{n(A\cap B)/n(U)}{n(A)/n(U)}=\frac{P(A\cap B)}{P(A)}$$

となる。

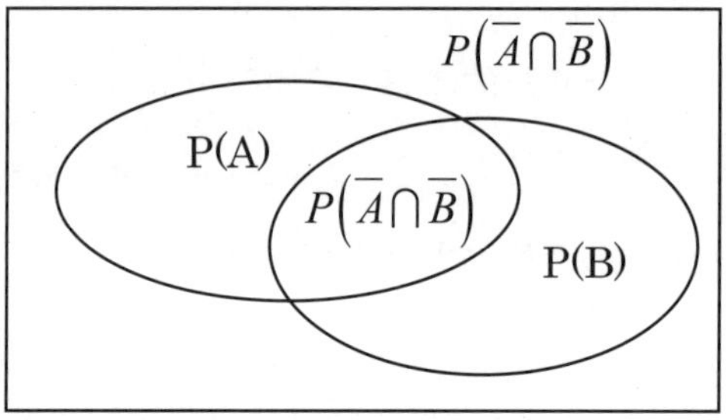

図　7．4

従属事象の乗法定理は、$P_A(B)$ の定義より、

$$P(A\cap B)=P(A)\cdot P_A(B)$$

と表される。ここで、A, B が独立なら、$P_A(B)=P(B)$ となり独立事象の乗法定理が成り立つ。

例題４）３本の当たりくじを含む 15 本のくじから、１本ずつ続けて２本引く。引いたくじはもとにもどさないとするとき、１本目がはずれで２本目が当たりの確率を求めよ。

例解）１回目と２回目に引くくじは独立ではないので、

$$P(A\cap B)=P(A)\cdot P_A(B)=\frac{15-3}{15}\cdot\frac{3}{14}=\frac{6}{35}$$

となる

例題５）７回に１回の割合で傘を忘れるくせのあるＫ君が、A, B, C ３軒のレストランで食事をして家に帰ったとき、傘を忘れてきたことに気が付いた。２番目のお店に忘れてきた確率はいくらか。

例解）A, B, C のどこかに忘れるという事象をE、また、Bに忘れるという事象をFとすると求める確率は$P_E(F)$である。どこかに忘れるという確率は、

$P(E)=1-\left(\frac{6}{7}\right)^3$、事象$E\cap F$はAに忘れないで、Bに忘れる事象なので、

$P(E\cap F)=\frac{6}{7}\cdot\frac{1}{7}$となる。$P_E(F)$は、$P(E\cap F)=P(E)\,P_E(F)$なので、

$$P_E(F)=\left(\frac{6}{7}\cdot\frac{1}{7}\Big/1-\left(\frac{6}{7}\right)^3\right)=\frac{6\cdot 7}{7^3-6^3}=0.33$$

となる。

7．4　確率変数と確率分布

どんな標本空間であるかを表現するために使用する変数を確率変数という。例えば、サイコロの出る目の和を考えている場合は、そのサイコロの出る目の和が確率変数になる。確率変数xのとる値$x_1,x_2,\cdots,x_n$のそれぞれの場合に確率$P(x_k)$が対応付けられた場合、この対応関係を確率分布という。

（1）期待値

確率変数xは、$x_1,x_2,\cdots,x_n$のどれかひとつをとり得るとして、xがこれらの値をとる確率が$P(x_1),P(x_2),\cdots,P(x_n)$のとき（$\sum_{i=1}^{n}P(x_i)=1$）、確率変数の期待値$E[x]$は、

$$E[x]=\sum_{i=1}^{n}x_i\,P(x_i)$$

で定義される。この場合の期待値は確率変数の平均値になるが、確率変数それ自身の期待値だけでなく、

$$E[g(x)]=\sum_{i=1}^{n}g(x_i)P(x_i)$$

のように、確率変数の関数の期待値も取り扱うことができる。

（2）確率変数の分散と標準偏差

確率変数$x_1,x_2,\cdots,x_n$のとる確率が$P(x_1),P(x_2),\cdots,P(x_n)$で、平均すなわち期待

値$E[x]=\overline{x}$としたとき、$y=(x-\overline{x})^2$の期待値を確率変数xの分散という。分散は$V(x)$で表す。

$$V[x]=E\left[(x-\overline{x})^2\right]=\sum_{i=1}^{n}(x_i-\overline{x})^2 P(x_i)=E\left[x^2\right]-\{E[x]\}^2$$

また、分散の平方根を標準偏差という。

$$\sigma(x)=\sqrt{V[x]}$$

７．５　確率変数の変換

確率変数xとyの間に$y＝a\ x＋b$の関係があるとき、yもまた確率変数になる。確率変数がyとなった場合の期待値、分散、標準偏差は、確率変数がxのときと、つぎの関係にある。

$$E[y]=E[ax+b]=a\,E[x]+b$$

$$V[y]=V[ax+b]=a^2\,V[x]$$

$$\sigma[y]=\sigma[ax+b]=|a|\sigma[x]$$

確率変数の和の期待値は、一般にa，bを定数とするとき、

$$E[ax+by]=a\,E[x]+b\,E[y]$$

の関係がある。また、xとyが互いに独立なら、確率変数の積の期待値と和と分散には、

$$E[xy]=E[x]\,E[y]$$

$$V[ax+by]=a^2V[x]+b^2V[y]$$

の関係がある。

７．６　主要な確率分布

（1）2項分布

ある試行は結果的にある事象Aが起こるものとそうでないものの2つに分類できるとする（失敗か成功かにわけられる）。今、ある事象が起こる確率をpとし、そうでないことが起こる確率をqとする（$p＋q＝1$）。試行はn回繰り返すとす

る。n回の試行の繰り返しのうちある事象Aが起こる回数を確率変数xとする。この確率変数に対する確率は2項分布と呼ばれる確率分布を示し、

$$P(x) = {}_nC_x\, p^x q^{n-x} = \frac{n!}{x!(n-x)!} p^x q^{n-x} \qquad (x = 0, 1, 2, \cdots, n)$$

と与えられる。

例題6）ある食品メーカーでは、過去の経験から製造工程で 1%の不良品を出すことが分っている。部品は 50 個を 1 に入れて販売している。工場では 1 箱に多くても 1 個の不良品しか含まれていないことを保証している。食品の任意の 1 箱が保証を満たす確率はいくらか。

例解）問題はn＝50、p＝0.01 の 2 項分布の問題と考えられる。不良品が 0 および 1 個のとき、保証を満たすことになるので、それぞれ不良品の入っている確率を求めると、

$$P(0) = \frac{50!}{0!(50-0)!}(0.01)^0(0.99)^{50} = 0.605,$$

$$P(1) = \frac{50!}{1!(50-1)!}(0.01)^1(0.99)^{49} = 0.306$$

この 2 つの事象は同時には起こらないので、多くても 1 個の不良品の含まれる確率、すなわち保証を満たす確率は、

$$P(x \le 1) = 0.911$$

となる。

（2）2項分布の性質

2 項変数の平均μと分散σは、

$$\mu = np$$

$$\sigma = \sqrt{npq}$$

のように表される。

例）上の例では、

$$\mu = np = 50 \times 0.01 = 0.5, \quad \sigma = \sqrt{npq} = \sqrt{50 \times 0.01 \times 0.99} = 0.703$$

となる。

（3）正規分布

自然界や産業界で見られる多くの度数分布は、その形がほぼ対象で、つり鐘のような形をしている。このような度数分布に非常に有効な理論分布が正規分布である。一般的な正規分布は、

$$f(x)=\frac{1}{\sqrt{2\pi}\sigma}\boldsymbol{exp}\left(-\frac{(x-\mu)^2}{2\sigma^2}\right) \qquad (-\infty < x < \infty)$$

と表される。ここで、μ は平均値、σ は標準偏差をしめす。

（4）標準正規分布

正規分布の位置と形は μ と σ によって完全に決まるので、平均値 μ が同じ場合、正規分布の形はその標準偏差 σ によって決まる。また、度数分布を表す正規分布はどの分布の場合でも全面積１に規格化することができる。したがって、すべての正規分布はある簡単な変数変換によって、平均が 0、標準偏差が１で全面積が１の正規分布で表すことができる。この正規分布を標準正規分布という。一般に、平均 μ、標準偏差 σ の正規分布の横軸上の１点 x が標準正規分布の横軸上の１点 z に対応すると、x と z（標準化変数）にはつぎの関係がある。

$$x=\mu+z\sigma \qquad z=\frac{x-\mu}{\sigma}$$

これを標準化の公式という。標準正規分布を使うと z を得ることにより標準偏差の何倍であるかを容易に知ることができる。

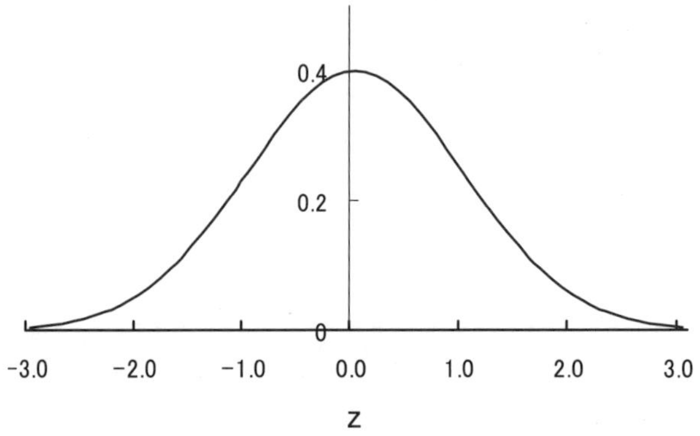

図７．５

例題７）クラスの生徒の身長の分布が、平均身長が 165 cm、標準偏差が 7 cm の正規分布にしたがうとき、身長が 175 cm を超える生徒は全体の何％いることになるか。

例解）身長の分布を標準正規分布に直して考える。μ ＝165 cm、σ ＝7 cm なので、$x=175$ に対する z の値は、$z=\dfrac{175-165}{7}=1.429$ となる。標準正規分布の面積を与える表（付表Ｉ）を用いて、$z=1.43$ の面積を求めると、0.4236 である。全体の面積は 0.5 なので、$z=1.43$ より大きい部分の面積は、0.0764 となり、約 8％の生徒が 175 cm を超えることになる。

（５）２項分布の正規近似

２項分布は試行回数ｎが増えると正規分布で近似することができる。正規分布の標準化に用いた関係を２項分布に適用すると、２項分布の確率変数 x に対応する標準変数ｚは、$z=\dfrac{x-np}{\sqrt{npq}}$ となり、平均値０、標準偏差１の標準化された２項分布を求めることができる。標準化した２項分布はｎを大きくしてゆくと標準正規分布（平均値０、標準偏差１）に近づく。

ｎ回の試行において、ある事象 A の起る回数の割合 $\dfrac{x}{n}$ を用いることもある。その場合、ｚは、

$$z=\frac{\dfrac{x}{n}-p}{\sqrt{\dfrac{pq}{n}}}$$

となる。ｎが大きいと、このｚも平均 0、標準偏差１の正規分布に従う。このことは、ある事象 A の起こる回数の割合 $\dfrac{x}{n}$ の分布は正規分布で近似できることを意味している。この場合の正規分布は、

$$\mu_{\frac{x}{n}}=p$$

$$\sigma_{\frac{x}{n}}=\sqrt{\frac{pq}{n}}$$

の平均と標準偏差を持つ正規分布のことである。

例題８）インフルエンザの予防接種を受けた人のうち、5%は注射に対して望ましくない反応を示すという。正規近似を用いて、注射をした 200 人中 8%以上の人がこの反応を示す確率を求めよ。

例解）ｚの値を計算する。$z=\dfrac{0.08-0.05}{\sqrt{\dfrac{0.05\times0.95}{200}}}=1.95$ となる。標準化変数 1.95 より大きくなるところの確率は、付表Ｉより $P(z>1.95)=0.0256$ となる。

７．７　標本抽出

母集団に関する統計的推論は、抽出された標本によって行われる。標本抽出の方法は無作為抽出と呼ばれる方法が推論の立場から妥当な方法とされている。無作為抽出とは、標本がｎ個の個体を含むとき、母集団の個体のどのｎ個の組み合わせも標本に選ばれる確率が同じである抽出法である。

母集団からある無作為標本をとり平均を $\bar{x}$ とする。無作為標本を無限にとると、得られる $\bar{x}$ の確率分布の平均はある一定値に近づくと予想される。この一定値が母集団の平均値 μ であるとき、$\bar{x}$ は μ の不偏推定値であるという。

$$E[\bar{x}]=\mu,\qquad E\left[S^2\right]=\sigma^2$$

ここで、S^2 は標本の分散、σ^2 は母集団の分散を表す。

（１）正規母集団から標本抽出するときの $\bar{x}$ の分布

確率変数 x が平均 μ、標準偏差 σ の正規分布に従うならば、大きさｎの無作為標本に基づく標本平均 $\bar{x}$ は、平均 μ、標準偏差 $\dfrac{\sigma}{\sqrt{n}}$ の正規分布に従う。この標本の平均値の分布は、$\bar{x}$ の標本分布と呼ばれる。

例題９）確率変数ｘをわが国成人の母集団から無作為に選んだ１人の身長とする。ｘは平均 $\mu=165$ cm、標準偏差 $\sigma=6.7$ cm の正規分布に従うと仮定する。この母集団から大きさ n=25 の無作為標本が採られたとき、標本平均 $\bar{x}$ が母集団平均 μ と大きくても 2 cm しか違わない確率はいくらか。

例解）この標本分布は、平均および標準偏差

$$\overline{x} = 165, \qquad \sigma_{\overline{x}} = \frac{6.7}{\sqrt{25}} = 1.34$$

の正規分布に従う。$\overline{x}$ の誤差が 2 cm を超えない範囲は、$163 < \overline{x} < 167$ なので、

$$z_1 = \frac{163-165}{1.34} = -1.49, \qquad z_2 = \frac{167-165}{1.34} = +1.49$$

となり、z が $-1.49 < z < 1.49$ の範囲にある確率は、付表 I より、$P(-1.49 > z > 1.49) = 0.864$ である。すなわち、母集団から大きさ 25 の無作為標本をとって $\overline{x}$ を決めた場合、86%の確率で母集団平均と 2 cm 以上食い違うことはないといえる。

（2）非正規母集団から標本抽出をするときの $\overline{x}$ の分布

確率変数 x が平均 μ、標準偏差 σ のある分布に従うとき、大きさ n の無作為標本に基づく標本平均 $\overline{x}$ は n が無限に大きくなるとき、平均 μ、標準偏差 $\frac{\sigma}{\sqrt{n}}$ の正規分布に近づく。これを中心極限定理という。

例題１０）ある大学の受験生の母集団から無作為に選んだ受験生の評定平均を x とし、x の分布は平均 2.6、標準偏差 0.4 であったとする。この母集団から 35 人の受験生の標本をとり $\overline{x}$ の値を求めるとき、$\overline{x}$ が 2.4 未満になる確率はいくらか。

例解）評定平均 z は正規分布をしていないが、大きさ 35 の標本は充分大きいので、中心極限定理が使える。

$$\sigma_{\overline{x}} = \frac{0.4}{\sqrt{35}} = 0.068, \qquad z = \frac{2.4-2.6}{0.068} = 2.94$$

評定平均が 2.4 以下になるのは、付表 I より、$P\{z < -2.94\} = 0.02$ であり、2 %以下となる。

７．８　推定

（1）母数

2 項分布は試行回数 n と 1 回の試行におけるある事象の生じる確率 p によって完全に決まる。正規分布は母集団の平均 μ と標準偏差 σ によって完全に決まる。

このように母集団の分布を特徴付けている p、μ、σ などを母数という。これに対し、母集団から任意に抽出された標本の平均 $\overline{x}$ や標本分散 s などを統計量という。推定の問題は、統計量から母数を推定する問題である。

（2）母平均 μ の推定

適当な統計量を定め、その統計量のとる値によって母数を推定する。このときの統計量を母数の推定量という。μ の推定は標本平均 $\overline{x}$ による点推定と呼ばれる。点推定では推定量の精度が重要になる。例えば、次のようなケースが考えられる。

ある健康食品の会社は自社製品の品質検査を予定している。過去の経験からひとつの製品グループの有効成分の含有量はほぼ正規分布に従うことがわかっている。また、製品グループごとの有効成分の平均含有量は多少異なるが、含有量の標準偏差はいずれのグループも大体同じで、$\sigma = 20$ mg となることもわかっていた。新しい製品の検査をするために、25 個のサンプルを無作為にとって検査をした結果、$\overline{x} = 260$ mg を得た。

例）$\overline{x} = 260$ mg は新製品の平均 μ の点推定としてどの程度正確であるか。

標本平均 $\overline{x}$ は平均 μ、標準偏差 $\sigma_{\overline{x}} = \dfrac{\sigma}{\sqrt{n}} = \dfrac{20}{\sqrt{25}} = 4$ の正規分布に従う。この場合の標準偏差は標準誤差と呼ばれる場合もある。ここで $\overline{x}$ の分布を考えると、付表 I より、$\overline{x}$ が標準偏差の 1.96 倍以内の値をとる確率は μ の両側で 0.95 であるので、$\overline{x}$ は 95％の確率で $\mu \pm 1.96\sigma_{\overline{x}} = \mu \pm 8$ の範囲にあるということができる。

ここで行う推定では $\overline{x}$ が標本に基づいているので母集団の μ にどのくらい近いかを述べることはできない。ただ $\overline{x}$ が μ にどのくらい近いかを確率的に述べることができるのみである。

例）推定値の精度という観点（標準誤差の範囲が広すぎる）から 25 個の標本による推定に満足していない。推定の誤差が 5 を超えないといえるためには標本をどれだけ追加しなければならないか。

$\sigma_{\overline{x}} = \dfrac{\sigma}{\sqrt{n}}$ より、n を増せば $\sigma_{\overline{x}}$ は小さくなるので、$\overline{x}$ の分布は狭くなり、標準偏

差の 1.96 倍（$\overline{x}$ の分布の面積の 95%の部分）になる範囲も小さくすることができる。標本数 n は、$1.96\sigma_{\overline{x}}=5$、$\sigma=20$ より、

$$1.96\frac{20}{\sqrt{n}}=5$$

となり、n=61.5 と得ることができる。

推定値の最大許容誤差を e, 要求される確率に対する z の値を z_0 とすれば、必要なサンプル数は、

$$z_0\frac{\sigma}{\sqrt{n}}=e$$

の関係で与えられる。

（3）区間推定

標本値から計算によって求める 1 つの区間で、そのなかに母数の値が含まれると期待できる区間を定めることを区間推定という。区間推定値はあらかじめ指定した確率でその区間に母数が含まれるよう定められる。区間推定値は信頼区間とも呼ばれる。ある推定量mの区間推定値とは、常に成り立つ訳ではないがある高い確率 γ でその推定量がとり得る区間 $m_1<m<m_2$（m_1、m_2 は、それぞれ下限信頼区間、上限信頼区間と呼ばれる）を意味する。ここで、γ は信頼度と呼ばれ、必要に応じて任意に定めることができる（95%や 99%が一般的）。

γ を用いて信頼区間を表すと、

$$P\left(\overline{x}-k\leq\mu\leq\overline{x}+k\right)=\gamma$$

と表すことができる。ここで、$\overline{x}$ は平均 μ、分散 σ^2 の正規分布に従う確率変数の平均値、k は、$\dfrac{c\sigma}{\sqrt{n}}$ であり、c は信頼度によって決まる μ の信頼区間を決める係数で、$\overline{x}$ が上記の分布に従う場合、

表　7．1

γ（%）	c
95	±1.96
99	±2.58

などの数が与えられる。

例えば、母集団の標準偏差がわかっていて、観測によって $\overline{x}$ が得られた場合、

母平均μに対する95%信頼区間は、

$$\bar{x}-1.96\frac{\sigma}{\sqrt{n}}<\mu<\bar{x}+1.96\frac{\sigma}{\sqrt{n}}$$

と推定することができる。これは標本の採り方によって、$\bar{x}$が95%の確率でμを中心にして分布することを意味している。

例）地球上の二酸化炭素濃度は標準偏差が50 ppm程度といわれている。世界のある地域の25の地点で平均二酸化炭素濃度を測定したところ、$\bar{x}=380\ ppm$であった。この 25 地点を任意標本と考えることができるものとして、その地域の平均二酸化炭素濃度の95%信頼区間を求めよ。

$$\bar{x}-1.96\frac{50}{\sqrt{25}}<\mu<\bar{x}+1.96\frac{50}{\sqrt{25}}$$

より、$\mu=360.4〜399.6$ ppmが得られる。

母集団の平均値も標準偏差も分からない場合は、標本数の違いによって取り扱いが異なる。

標本数が多い場合は、$\bar{x}$の分布は平均値μ標準偏差$\frac{\sigma}{\sqrt{n}}$の正規分布にいくらでも近づく。したがって、この場合には、標本標準偏差

$$S=\sqrt{\frac{1}{n}\sum_{i=1}^{n}\left(x_i-\bar{x}\right)^2}$$

または、不偏分散の平方根

$$U=\sqrt{\frac{1}{n-1}\sum_{i=1}^{n}\left(x_i-\bar{x}\right)^2}$$

を代用してμの推定を行う。すなわち、信頼度95%の信頼区間として、

$$\bar{x}-1.96\frac{S}{\sqrt{n}}<\mu<\bar{x}+1.96\frac{S}{\sqrt{n}}$$

を取ることになる。ここでSはUに置き換えても大きな違いは生じない。

標本数が少ない場合は、$\frac{\bar{x}-E[\bar{x}]}{\sigma(\bar{x})}=\frac{\bar{x}-\mu}{\sigma/\sqrt{n}}$は正規分布をするが、σを$S$や$U$で置き換えたものは正規分布とはならない。σを$U$で置き換えた式、

$$T=\frac{\bar{x}-\mu}{U/\sqrt{n}}=\frac{\bar{x}-\mu}{S/\sqrt{n-1}}$$

を作るとTはｔ分布をすることが明らかにされている。ｔ分布は、自由度と呼ばれる定数fによって確率密度関数が異なる関数であり、自由度fと信頼度γに相当するαの値が変化した場合の値がｔ分布表（付表Ⅱ）の形で与えられている。ここで$f=n-1$、$\alpha=1-\gamma$である。信頼度$\gamma=(=1-\alpha)$の信頼区間は、ｔ分布表を用いて、

$$\bar{x}-t(\alpha)\frac{S}{\sqrt{n-1}}<\mu<\bar{x}+t(\alpha)\frac{S}{\sqrt{n-1}}$$

と表わすことができる。

注）ｔ分布表の値は、片側のみのものと両側の確率を合わせたものがある。ここでは、両側をあわせたものを採用することとしている。

７．９　仮説の検定

（1）2種類の過誤

標本から母数の性質に関する検定を行うのに、ある予想（仮説）を立て、調査を行い、標本から得られる性質が起こる確率を計算し、その確率が極めて小さい場合、予想が正しくなかったと判断する（棄却する）。しかし、この場合には、仮説は正しいにも関わらず、棄却する可能性もある。一般に、ある仮説H_0に対して対立する仮説H_1を置いた場合、表に示すような誤った判定をする 2 通りの可能性がある。

表　７．２

仮説	H_0を採択	H_1を採択
H_0が真である	正しい判定	第１種の過誤
H_1が真である	第２種の過誤	正しい判定

すなわち、H_0が真である場合に真でない（H_1である）と判定する場合と、H_0が真でない（H_1である）のに真であるとする場合である。前者を第１種の過誤といい、この誤りをおかす確率を有意水準という。後者を第 2 種の過誤と呼ぶ。これらの２種類の過誤の起こる確率は、H_0が真である場合とH_1が真である場合を仮定した場合（標準偏差$\sigma_x=\frac{\sigma}{\sqrt{n}}$）の分布によって決まる。$H_0$曲線のもとで

判定の境界点（有意水準）を選択したとすれば、H_0が真のときH_1を選択する確率、すなわち、第１種の過誤は標本の性質、例えば平均値$\overline{x}$、が有意水準より上にある確率をいい、第２種の過誤はH_1曲線のもとで標本の性質が有意水準より下の部分の確率をいう。

（2）検定の手順

一般に仮説の検定は以下の手順で行われる。

ｉ．仮説の設定

ⅱ．検定に適した統計量を考え、その標本分布を利用して有意水準αの棄却域Rを設定する。

ⅲ．与えられた標本についてⅱの統計量の実現値zを計算し、この値が棄却域内に入れば危険率αで仮説を棄却する。

（3）平均値の検定

正規分布をしている母集団がある。母平均μの値はわからないが、何らかの形で得られる情報に基づき$\mu = x_0$を仮定し、これを標本値から検定する。まず、母分散σ^2はわかっている場合を考える。

母集団から抽出されたn個の独立な標本から、標本平均

$$\overline{x} = \frac{x_1 + x_2 + \cdots\cdots + x_n}{n}$$

を求める。この標本平均$\overline{x}$は標本の採り方によって変化する。母集団の分散がわかっている場合、$\overline{x}$は平均値x_0、標準偏差$\frac{\sigma}{\sqrt{n}}$の正規分布になるはずである。

したがって、平均値の検定（両側検定*）は、つぎのように行う。

ｉ．母平均$\mu = x_0$であるという仮説を立てる。

ⅱ．抽出されたn個の標本値$x_1, x_2, \cdots, x_n$から

$$\overline{x} = \frac{1}{n}\sum_{i=1}^{n} x_i, \quad z = \frac{\overline{x} - x_0}{\sigma / \sqrt{n}}$$

を計算する。

ⅲ．$|z| \geq 1.96$の場合、有意水準（危険率）5%で、$|z| \geq 2.58$の場合、有意水準

1%で $\mu = x_0$ の仮説を棄却する $\left(\mu \neq x_0\right)$。

例題１１）（両側検定）

全国一斉試験で数学の平均点は 117.3 点で標準偏差は 23 点であった。ある高校の 100 人の平均得点は 125.1 点であった。この高校の実力は全国平均と異なるといえるか。

例解）実力が同じであると仮定する。

$$|z| = \left|\frac{117.3 - 125.1}{23/\sqrt{100}}\right| = \frac{7.8}{2.3} = 3.4 \geq 2.58$$

有意水準 99%以下で、全国平均と異なるといえる。

両側検定と片側検定

標本の平均 $\overline{x}$ は標本の採り方によって変化するが、母平均 μ との違いを問題にする場合には、μ より大きい場合と小さい場合があるので両側の検定となる。もし、大きい場合あるいは小さい場合だけを問題にするときは片側だけが問題になるので片側の検定となる。有意水準は通常５％、１％とするので、それに応じてそれぞれの検定に対する z の値は異なった値となる。

（２）　平均値の差の検定（有意差検定）

２種類の標本を比較して、それぞれの属する母集団の平均値が等しいかどうかを検定する問題を考える。

２つの正規母集団 A, B があり、

$$A \text{は平均} x_A\text{、分散} \sigma_a^2\text{、}\quad B \text{は平均} x_B\text{、分散} \sigma_b^2$$

とする。A から n_A、B から n_B 個の標本を取り、その平均値を $\overline{x}$、$\overline{y}$ とした時、標本平均の差 $\overline{x} - \overline{y}$ は、

$$\text{平均}\quad x_A - x_B\text{、分散}\quad \frac{\sigma_A^2}{n_A} + \frac{\sigma_B^2}{n_B}$$

の正規分布となる。

したがって、平均値の差の検定（両側検定）は次のように行う。

ｉ．２つの母集団 A, B について母平均は $x_A = x_B$ の仮説を立てる。

ⅱ．標本を抽出し、得られた標本値に対して

$$\overline{x}=\frac{1}{n_A}\sum_{i=1}^{n_A}x_i,\quad \overline{y}=\frac{1}{n_B}\sum_{i=1}^{n_B}y_i,\quad z=\frac{\overline{x}-\overline{y}}{\sqrt{\sigma_A^2/n_A+\sigma_B^2/n_B}}$$

を計算する。

iii. $|z|\geq 1.96$ なら、有意水準 5 %で、$|z|\geq 2.58$ なら有意水準１%で $x_A=x_B$ を棄却する（有意差あり）。

例題１２)（両側検定）

ある２つ高校で、同じ問題の試験をしたところ、A校では生徒 130 人について、平均点 63.2、標準偏差 13.4 であり、Ｂ校では、150 人について、平均点 59.3、標準偏差 15.1 であった。両校に学力の差があったといえるか。危険率５%で検定せよ。

例解）学力に差がないと仮定すると、

$$|z|=\left|\frac{\overline{x}-\overline{y}}{\sqrt{\sigma_A^2/n_A+\sigma_B^2/n_B}}\right|=\left|\frac{63.2-59.3}{\sqrt{13.4^2/130+15.1^2/150}}\right|=2.29>1.96$$

より、$|z|\geq 1.96$ なので仮説は棄却され、有意差があると判定される。

（３）平均値の検定に用いる標本数

１）標本数が多い場合

標本数ｎが充分大きい場合、母集団が正規分布をしていなくても近似的に

$\overline{x}$ は正規分布 $N(x_m,\frac{\sigma^2}{n})$、$\overline{x}-\overline{y}$ は正規分布 $N(x_A-x_B,\frac{\sigma_A^2}{n_A}+\frac{\sigma_B^2}{n_B})$ となる。

もし、母分散σ²が未知であれば、標本分散 $S=\sqrt{\frac{1}{n}\sum_{i=1}^{\infty}\left(x_i-\overline{x}\right)^2}$ で代用できる。

平均値の検定や差の検定に用いたｚに対して、x_0 を $\overline{x}$ の平均値として、

$$z=\frac{\overline{x}-x_0}{S/\sqrt{n}},\quad z=\frac{\overline{x}-\overline{y}}{\sqrt{S_A^2/n_A+S_B^2/n_B}}$$

を用いることができる。

2）標本数が少ない場合

標本数が少なく、正規母集団のσ²が未知の時、母分散の変わりに不偏分散 U を使用すると、

$$t = \frac{\bar{x} - x_0}{U/\sqrt{n}} = \frac{\bar{x} - x_0}{S/\sqrt{n-1}}$$

は、自由度 $f = n-1$ の t 分布をするので、次の方法で検定を行うことができる。これを t 検定という。t 検定（両側検定）は次のように行う。

ⅰ．$\mu = x_0$ の仮説を立てる。

ⅱ．n 個の標本から標本平均 $\bar{x}$ と標本標準偏差 S を求め、t を計算する。$f = n-1$ でα=0.05、0.01 に対する t の値を t 分布表から求め、それぞれ t(0.05)、t(0.01)とする。

ⅲ．$|t| \ge t(0.05)$ なら危険率 5%で、$|t| \ge t(0.01)$ なら危険率 1%で仮説 $\mu = x_0$ を棄却する。

例題１３）A君の英語の偏差値は 64 からほとんど変化しないという。B君はここ 5 回の模擬試験で、63、68、70、65、63 の偏差値であった。A君とB君の実力に差があるといえるか？

例解）

$$\bar{x} = \frac{63+68+70+65+63}{5} = 65.8, \quad S = \sqrt{\frac{2.8^2 + 2.2^2 + 4.2^2 + 0.8^2 + 2.8^2}{5}} = 2.79$$

より、$|t| = \dfrac{65.8-64}{2.79/\sqrt{5-1}} = 1.29$ となる。

付表Ⅱの t 分布表より、$f = 5-1 = 4$、$t(0.05) = 2.132$ なので、$t = 1.29 < t(0.05)$ となり、有意水準 5%で実力に差がないと判定できる。

（4） χ²検定

ある事柄 i が起こる確率が明らかな場合、実験値と期待値の間に差が現れる場合がある。今、ある事柄が起こる場合の数が全体で k 通りあり、n 回の実験でそれぞれの場合が $x_1, x_2, \cdots, x_k$ 回起こったとする。ここでそれぞれの場合の起こる確率を $p_1, p_2, \cdots, p_k$ とすると、実験値と期待値の差は表 7.3 のようになる。

表　7．3

場合	1	2	…	k	計
実験値(O)	x_1	x_2	…	x_k	n
期待値(E)	$n\,p_1$	$n\,p_2$	…	$n\,p_k$	n
O－E	$x_1 - n\,p_1$	$x_2 - n\,p_2$	…	$x_k - n\,p_k$	

実験値と期待値の違いの大きさは、それぞれの場合に起こる期待値の大きさに依存するので、

$$\chi^2 = \sum \frac{(O-E)^2}{E} = \sum_{i=1}^{k} \frac{(x_i - n\,p_i)^2}{n\,p_i}$$

を考える。この χ^2 の値は自由度 $f = k-1$ の χ^2 分布をすることが知られている。χ^2 検定は適合度の検定と呼ばれ、以下の手順で行う。

ⅰ．実験値と期待値には有意差はないと仮説を立てる。

ⅱ．χ^2 分布表（付表Ⅲ）より、$f = k-1$ に対する $\chi^2(0.05)$ あるいは $\chi^2(0.01)$ を求め、上式を用いて得た χ^2 の値と比較する。

ⅲ．$\chi^2 \geq \chi^2(0.05)$ なら有意水準 5%で、$\chi^2 \geq \chi^2(0.01)$ なら有意水準１%で仮説が正しくない（有意差がある）と判定する。

例題１４）　ある人口 10 万人程度の町の主要な病気による死亡数を調べたところ、表のような観察数が得られた。全国の主要疾患死亡率は、人口 10 万人に対して表の期待数のような数値が得られている。この町の死亡数は全国平均と変わりがないといえるか。

	心疾患	悪性新生物	脳血管疾患	肺炎
観察数	152	171	102	68
期待数	140	180	95	75
差	12	-9	7	-7

例解）

$$\chi^2 = \frac{(152-140)^2}{140} + \frac{(171-180)^2}{180} + \frac{(102-95)^2}{95} + \frac{(68-75)^2}{75}$$
$$= 2.65$$

となる。χ^2分布表より自由度$f = 4-1$に対して$\chi^2(0.05) = 7.814$なので、

$\chi^2 < \chi^2(0.05)$となり、仮説は支持される（有意差はない）。

8．論理的に考えること

8．1　論理的ってどんなこと

一般的に論理的であるとは、主張の根拠が明確であることや一貫していること あるいは他の事項との関連付けが明確であることなどを意味し、思いつきや話の脈絡のなさなどと逆のことを意味している。

例えば、論理学で取り扱う論理は、

「新幹線は在来線よりスピードが速い→子供たちに人気があるのだろう」

といった常識や経験から判断して導く結論（推測）ではなく、

「新幹線は在来線よりスピードが速い→早く目的地に到着できる」

といった仮定と結論の演繹的な推論を扱い、前提としての仮定が正しいなら必ず結論も正しくなる、そういう推論を正確に行うことを目的としている。しかし、次のような場合どうであろうか。

> 商店街にはスーパーとコンビニと個人経営の小売店があり、スーパーとコンビニは利益を上げている。個人経営の小売店はコンビニと似た性格を持つが、販売の方法が古典的でコンビニとは異なる。したがって、個人経営の小売店がスーパーやコンビニのように利益を上げているとは考えられない。

ここで行われた推論は誤りとはいえない。しかし、個人経営の小売店には販売の方法以外に優れた点があってスーパーやコンビニより利益を上げている可能性がある。すなわち、前提を認めても、結論を否定する余地のある場合がある。このような場合には演繹として正しいかといえば「演繹としては正しいとはいえない」ことになる。論理は、日常生活ではその推論の仕方によっては仮定から得られる結論に曖昧さが残り、誤った理解に繋がる危険性のあることを否定できない。では、一体どのようにすれば論理が演繹的な推論となるのか。ここではまず「・・・ならば～である」という関係を明確に表現することのできる数学的な取り扱いに習熟しながら論理的であることの構造を学習することにする。

8．2　数学では

（1）命題

数学的に正しいか正しくないかがはっきりと決まることを表した式や文を命題という。例えば、

① $-1<2$ ……真

② 2より小さい実数の平方は4より小さい。……偽

などのように、「・・は・・である」の形で示され、内容が正しいか正しくないかを明確に決めることができるものが命題である。与えられた命題が正しいときは「真」、正しくないときは「偽」であるという。

（2）条件

変数を含んだ式や文はそのままでは命題にならない。変数 x を含む式や文で、x に値を代入すると命題になる式や文を x に関する条件または命題関数という。例えば、

$$p(x): x^2-6\geq 0$$

$$q(x):\text{「}x\text{は魚である」}$$

のとき、$p(x)$ に何かの値を代入することにより、条件 $p(x): x^2-6\geq 0$ を満たしているかどうかの真偽の判定が可能になる。また、$q(x)$ の場合でも x に犬、秋刀魚、ほうれん草などを代入することにより真偽の判定が可能になる。つまり、$x=5$ としたとき $p(5)$ は真となり、$x=$秋刀魚のとき q(秋刀魚)は真となり、それぞれ**条件 $p(x)$、$q(x)$ が成り立つ。**

（3）仮定と結論

命題は、2 つの条件 $p(x)$、$q(x)$ を用いて、$p(x)$ ならば $q(x)$ のように言い換えられる場合（複合命題）が多い。ここで、$p(x)$ は仮定、$q(x)$ は結論と呼ばれている。仮定と結論の関係を示す「ならば」は、記号⇒を用いて、

$$p(x) \Rightarrow q(x)$$

と書くことがある。ここで用いる「ならば」を包含関係で示すと、$p(x)\subseteq q(x)$ の関係にある。

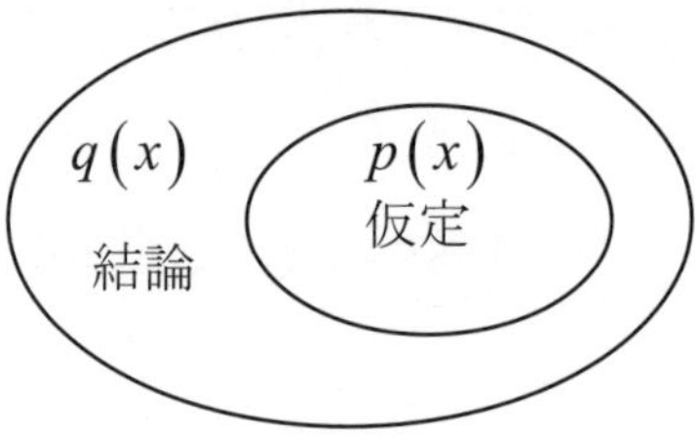

図８．１

例題１）x を実数とするとき、以下の複合命題の仮定と結論の真偽の判定を行え。

(1) $x^2 = 4$ ならば $x = 2$ である。　(2) $x^2 < 9$ ならば $x < 3$ である。

例解）

(1) $x^2 = 4$（仮定）のとき、$x = \pm 2$ であり、$x = 2$（結論）とは限らないので偽。

(2) $x^2 < 9$（仮定）のとき、$-3 < x < 3$ であり、$x < 3$（結論）に含まれるので真。

このような仮定と結論の関係を身の回りで起きることに応用した場合はどうなるであろうか。例えば、地球環境問題で、

仮定：大気中の CO_2 の濃度が上昇する。

結論：地球大気の温暖化が起こる。

の関係を考える。この場合、上昇の程度の問題は別にして、CO_2 濃度の上昇という仮定 $p(x)$ は、CO_2 の熱の吸収特性が明らかなことから、大気の温暖化という結論 $q(x)$ の原因になっていることに間違いはない。したがって、この命題の仮定と結論は真と考えられる。他方、CO_2 濃度が上昇しない場合はどうであろうか。この場合は、大気の温暖化が起こったとしても CO_2 濃度については不明なので仮定と結論の関係が真とも偽ともいえない。日常的には違和感があるが、CO_2 濃度が不明な場合には温暖化が起こったとする結論は真となる。

（４）反例

「$p(x)$ ならば $q(x)$」は「・・ならば常に $q(x)$ が成り立つ」ということを意味する。したがって、ある a に対して、$p(a)$ は成り立つが、$q(a)$ は成り立たないとき、命題は偽であり、このときの a を与えられた命題に対する反例という。先の地球温暖化の問題でいえば、CO_2 濃度の上昇によっても大気の気温が上昇しないあるいは下降することが明らかにされた場合、命題は偽になる。

例題２）次の命題の真偽を判定し、偽の場合命題に対する反例を挙げよ。

(1)　$x>4 \Rightarrow x^2>16$　　　(2)　$x^2>4 \Rightarrow x>2$

例解）

(1) $x>4$ の場合はいつでも $x^2>16$ となり真。

(2) $x^2>4$ は、$x<-2$ または $x>2$ となる。したがって、例えば $x=-5$ は $x^2>4$ を満たすが $x>2$ は満たさないので偽。

（５）十分条件、必要条件、必要十分条件

$p(x)$ ならば $q(x)$ 、すなわち、$p(x) \Rightarrow q(x)$ が常に真であるとき、$p(x)$ は $q(x)$ の十分条件、$q(x)$ は $p(x)$ の必要条件であるという。

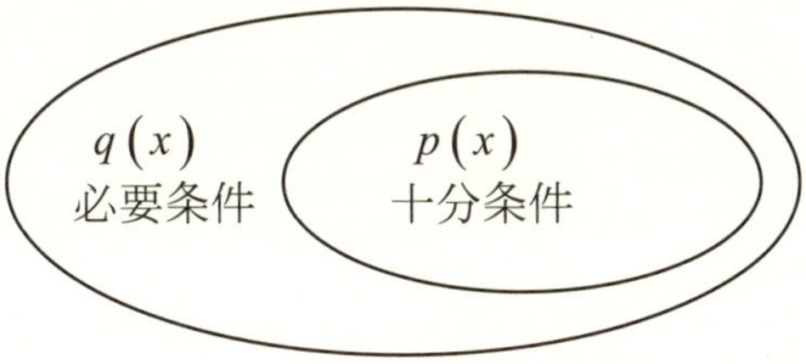

図　8．2

また、$p(x)$ ならば $q(x)$、$q(x)$ ならば $p(x)$ の関係がいずれも真であるとき、$p(x)$ は $q(x)$ の必要十分条件、あるいは、$q(x)$ は $p(x)$ の必要十分条件であるという。つまり、

$$p(x) \Rightarrow q(x) \text{ かつ } q(x) \Rightarrow p(x) \quad \text{すなわち} \quad p(x) \Leftrightarrow q(x)$$

ならば、$p(x)$ と $q(x)$ は互いに他方の必要十分条件である。

例題３）条件 p は条件 q が成り立つための何条件となるか。

(1)　$p: a^2=b^2$　　$q: a=b$　　(2)　$p: |a|<1$　　$q: a^2<1$

例解）

(1) q ならば p であるが、p ならば q ではないので、p は q の必要条件。

(2) p ならば q であり、q ならば p であるので、p は q の必要十分条件。

日常生活では、例えば、２つの条件を

$p(x)$:太陽が昇る。

$q(x)$:夜明けとなる。

とし命題を構成する。この2つの条件を用いた命題では、太陽が昇る（$p(x)$が真）と必ず夜明け（$q(x)$が真）となり、夜明けを迎えること（$q(x)$が真）は必ず太陽が昇ること（$p(x)$が真）になり、いずれの命題も真となる（命題が真）。つまり、2つの条件は$p(x)\Leftrightarrow q(x)$で必要十分条件の関係にある。また、必要十分条件は、2つの条件の逆（$p(x)$でないなら$q(x)$でない、$q(x)$でないなら$p(x)$でない）の命題も真となる。上の例では、太陽が昇らない（$p(x)$が偽）なら常に夜明けとはならない（$q(x)$が偽）、夜明けでない（$q(x)$が偽）なら常に太陽は昇らない（$p(x)$が偽）のいずれの命題も真になる。つまり、$p(x)\Leftrightarrow q(x)$関係は、$p(x)$と$q(x)$がともに真かともに偽のとき真となる命題を与える。

（6）真理集合

全体集合をUとし、Uの要素xに関する条件$p(x)$が与えられた時、

$$P=\{x\in U \mid p(x)\}=\{x \mid x\text{は}p(x)\text{を満たす}U\text{の要素}\}$$

を条件$p(x)$の真理集合という。

例題4）実数全体の集合を$\boldsymbol{R}$とした時、次の条件$p(x)$を満たす真理集合 Pを求めよ。

(1) $p(x):x^2-4x-12>0$　　(2) $p(x)=x^2+x+1>0$

例解）

(1) $P=\{x\in\boldsymbol{R} \mid x<-2\text{または}x>6\}$　(2) $P=\{x\in\boldsymbol{R} \mid \text{全ての実数}\}$

2つの条件$p(x)$, $q(x)$の真理集合をそれぞれP、Qとする。命題$p(x)\Rightarrow q(x)$が真であるとは、2つの真理集合P、Qの間に、$P\subset Q$ が成り立つことと同じである。

したがって、$p(x)\Leftrightarrow q(x)$なら$P\subseteq Q$かつ$Q\subseteq P$、すなわち、$P=Q$が成り立つ。

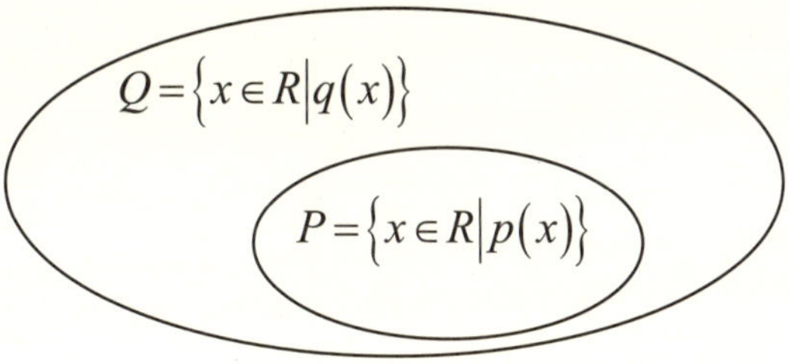

図　8．3

例題５）　$p(x)=|x-2|<3$ ならば $q(x)=|x|<5$ が成り立つことを示せ。

例解）　真理集合は、$P=\{x|-1<x<5\}$，　$Q=\{x|-5<x<5\}$ となり、$P\subset Q$ である。

すなわち、$x\in P$ ならば $x\in Q$ となり、P を満たすものはすべて Q を満たす。

（７）「かつ」と「または」の否定

全体集合を U とし、U の要素 x に関する条件 $p(x)$，$q(x)$ の真理集合をそれぞれ P, Q とするとき、

条件「$p(x)$ かつ $q(x)$」の真理集合は $P\cap Q$

条件「$p(x)$ または $q(x)$」の真理集合は $P\cup Q$

全体集合を U とし、条件 $p(x)$ の真理集合を P とする。条件 $p(x)$ に対して、「$p(x)$ でない」という条件を否定といい、$\overline{p(x)}$ で表す。条件 $\overline{p}$ の真理集合は P の補集合 $\overline{P}$ である。

「かつ」と「または」を含む命題の否定はド・モルガンの法則に従い、

$p(x)$ かつ $q(x)$ の否定は、$p(x)$ でないまたは $q(x)$ でない

$p(x)$ または $q(x)$ の否定は、$p(x)$ でないかつ $q(x)$ でない

となる。例えば、

「６歳未満の男性の入場はできません」の否定は

「６歳以上の人または女性は入場できます」（図 8.4 の左参照）になり、

また、

「６歳未満の人または男性は入場できません」の否定は

「６歳以上の女性は入場できます」（図 8.4 の右参照）となります。

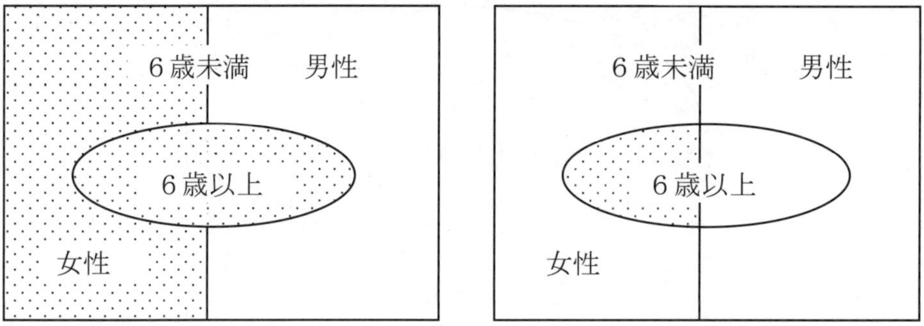

図　8．4

（8）命題の逆、裏、対偶

$p(x) \Rightarrow q(x)$ という命題に対して、

$p(x) \Rightarrow q(x)$		$x=2 \Rightarrow x^2=4$	真
$q(x) \Rightarrow p(x)$	逆	$x^2=4 \Rightarrow x=2$	偽
$\overline{p(x)} \Rightarrow \overline{q(x)}$	裏	$x \neq 2 \Rightarrow x^2 \neq 4$	偽
$\overline{q(x)} \Rightarrow \overline{p(x)}$	対偶	$x^2 \neq 4 \Rightarrow x \neq 2$	真

の関係にある。

例題6）命題 $x^2 > 2x$ ならば $x > 2$ の真偽を調べよ。

例解）

命題	$x^2 > 2x$ ならば $x > 2$	偽・・・反例 $x=-1$
逆	$x > 2$ ならば $x^2 > 2x$	真
裏	$x^2 \leq 2x$ ならば $x \leq 2$	真
対遇	$x \leq 2$ ならば $x^2 \leq 2x$	偽・・・反例 $x=-1$

8．3　日常生活では

日常生活は課題の解決や決断の場面であふれている。普通は、これまでの行動の積み重ねによる経験や知識に基いて、思考のプロセス（推論）あるいは直感の両者を巧みに活用しながら決断したり、課題を解決したり、問題を忘れたりしている。

ここでは、日常的な推論と数学で言う推論の違いを考えてみる。日常的な会話では、あるひとつの前提が与えられて、結論が導かれる。しかし、現実問題では、前提が 100%成立しなかったり、結論が結論どおり得られなかったりする場合が多い。この場合には、ひとつの命題に対して、逆、裏、対偶を使用した推論が重要な意味を持つことになる。その構造を示すと以下のようになる。

条件文：	Ｐである。ならば	結論文：	Ｑである。（肯定式）
	Ｑでない。ならば		Ｐでない。（否定式）
	Ｐでない。ならば		Ｑでない。（前件否定の錯誤）
	Ｑである。ならば		Ｐである。（後件肯定の錯誤）

①前件否定の錯誤の例

私はあの会社に入社できれば立派な技術者になれる。
でも、私はあの会社に入社できなかった。
だから、私は立派な技術者にはなれない。

②後件肯定の錯誤の例

学生が「就職が決まったらお伺いします」と言っていた。
今日、彼が部屋にやってきた。
「就職が決まったのだな」と思った。

このような思考は、現実生活ではあまり支障をきたさないが、前提となる命題が必要十分条件になっていないことから、数学でいう「・・・ならば、・・・である」の論理構造とは異なり、推論は一面正しくても、推論の結果には反例の余地があり、必ずしも正しい結論とはいえない。以下の場合も同様に、

昨日ふぐの刺身を食べて、痺れを感じた。
フグの肝臓には神経麻痺を起こす猛毒（テトロドトキシン）が含まれている。
フグの肝臓を完全に取り除けなかったに違いない。

フグの肝臓に猛毒があるという前提は正しいが、ふぐ毒がテトロドトキシンだけであったとしてもこれは十分条件に過ぎない。肝臓を取り除いただけでは安全

といえない（肝臓以外にも卵巣や腸も危ない）ので「フグの肝臓を完全に取り除けば安全である」の結論は否定される余地がある。こちらの場合は、論理的な勘違いは死を招く可能性がある。また、近年話題の環境問題についても、

大気の気温の上昇傾向が著しい。
二酸化炭素は大気の温暖化の原因物質である。
CO_2の放出量を下げれば、大気の温度上昇を抑えることができる。

こちらの方は、大気温度の上昇は事実であっても、これにはさまざまな原因が複雑に寄与している。CO_2濃度の増加は原因のひとつ（十分条件）であって、その放出を下げることが大気温度の上昇を抑えることには必ずしも繋がらない可能性もあり「大気の温度上昇の抑制につながる」という結論は否定される余地がある。

8．4　論理力を支えるもの

日常生活では前件否定や後件肯定の推論に基づいてしばしば問題解決や決断がなされる。これらの前件否定や後件肯定の推論は、数学でいう命題に対する逆と裏に対応する。数学の問題で明らかなように、命題の逆と裏が成り立たない場合は、「・・・ならば、～である」の命題が必要十分条件になっていない場合である。したがって、さまざまな場面で論理的な推論を行うためには、「・・・ならば、～である」の命題が必要十分条件になっているかどうかを確かめることが重要である。例えば、「地球上のものには引力が働くのでリンゴは木から落ちる」の命題では、$p(x)$を引力が働く、$q(x)$をリンゴが落ちるとすると、この命題は必要十分条件になっており、前件否定や後件肯定の錯誤は起こらない。しかし、このように必要十分条件の関係にある命題は当たり前の論理を述べることになり、現実的ではあってもすでによくわかったことで発展性を感じない場合が少なくない。多くの現実問題の場合には、必要十分条件を満たすいい回しは難しく、大抵は反論の余地があったり、例外があったりする。つまり、人間にとっては前件否定や後件肯定の錯誤が生じるのが普通の思考法ともいえるものなのである。しかも、こうした錯誤を繰り返しながら、人間社会が有効に機能しているのは、論理的である

以上に経験により蓄積された知識や技術、動機や状況などが問題解決に関与するためと考えられる。場合によっては直感が大きく作用する場合もある。また、こうした錯誤の結果、例外や反論を試みることで新しい論理の発見に繋がることもある。論理的思考を学ぶということは、反論の余地のない命題が構成できるようになることでもあるが、同時に命題のなかに反例や例外を発見できる能力を養うことでもある。このことは現実問題が実に多様な関係や条件のもとで生じ、時とともに常に変化していることからも本質的な意味を持つ。つまり、論理的であることは、数学的な論理力とともにものごとを眺める視点の多様性や視野の広さ、あるいは適切な知識や技能に裏打ちされた情報の多さなどによって支えられ組み立てられるものであることを忘れてはいけない。

各章のキーワーズ

ここには、各章での説明に用いた用語で、大切なものを取り上げた。これらのキーワーズは、一度勉強したのち、どんなことが書いてあったのかを思い起こすときに役立てることができる。さらに、ここに示された用語の概略が説明できれば、そのことについての理解は相当進んでいると考えられる。また、それらを消去することで、各章での内容の理解度の把握にあるいは理解できていない部分の抽出が可能になると思われる。

第１章　数を文字と式で表す

実数	有理数	無理数	自然数
整数	分数	循環小数	有限小数
無限小数	因数分解	共通因数	絶対値
整式	単項式	次数	係数
多項式	同類項	交換の法則	結合の法則
分配の法則	因数定理	分数式	既約分数
約分	繁分数式	部分分数分解	無理式
平方根	累乗	累乗根	

第２章　関数関係を知る

関数	数表	方程式	グラフ
座標	変数	目的量	独立変数
従属変数	数学モデル	定義域	値域
一次関数	二次関数	頂点	指数関数
対数関数	バネの運動	単振動	波の伝播
指数	指数法則	漸近線	単調増加
単調減少	指数方程式	ネピアの定数	対数
対数法則	逆関数	対数方程式	常用対数
自然対数	三角比	弧度法	一般角

三角関数	波動	角速度	振動数
加法定理	三角関数の合成		

第３章　数と関数の概念の拡張（複素数）

虚数単位	複素数	直角座標	複素平面
虚軸	実軸	共役複素数	極形式表示
絶対値	偏角	オイラーの公式	ド・モアブルの定理
複素関数	複素変数	極限	連続性

第４章　大きさと方向を持つ数（ベクトル）

ベクトル量	スカラー量	有向線分	自由ベクトル
単位ベクトル	零ベクトル	位置ベクトル	基本ベクトル
内積	外積	方向余弦	スカラー積
ベクトル積	一次結合	一次従属	一次独立
空間図形	ベクトル方程式	方向ベクトル	媒介変数
法線ベクトル	ヘッセの標準形	接平面の方程式	軌跡
動点	定点	放物線	楕円
双曲線			

第５章　数の集まりで数を表現する（行列と行列式）

行列	行列の成分	行列の積	単位行列
零行列	零因子	ハミルトン・ケリーの定理	逆行列
正則行列	余因子行列	連立１次方程式	固有値
固有ベクトル	固有方程式	１次変換	相似変換
線形写像	合成変換	逆変換	回転移動
行列式	偶順列	奇順列	サラスの方法
転倒数	小行列式	余因子	転置行列
クラメールの公式			

第６章　物の集まりのとらえ方

集合	要素	部分集合	空集合

和集合	差集合	全体集合	補集合
ド・モルガンの定理	要素の個数	有限集合	無限集合
場合の数	和の法則	積の法則	順列
組合せ			

第７章　不規則性のなかにある規則性

不確実性	因果関係	確率	標本空間
標本点	事象	数学的確率	相対度数
統計的確率	空集合	加法定理	排反事象
余事象	乗法定理	反復試行	条件付確率
確率変数	確率分布	期待値	分散
標準偏差	２項分布	正規分布	標準正規分布
標本抽出	母集団	無作為抽出	不偏推定値
標本分散	正規母集団	非正規母集団	中心極限定理
推定	統計量	母数	点推定
区間推定	最大許容誤差	信頼区間	信頼度
不偏分散	ｔ分布	自由度	仮説
有意水準	第１種の過誤	第２種の過誤	棄却域
両側検定	片側検定	χ^2検定	実験値
期待値			

第８章　論理的に考えること

論理	推測	推論	仮定
結論	演繹的推論	命題	真偽
条件	命題関数	反例	必要条件
十分条件	必要十分条件	全体集合	真理集合
かつの否定	またはの否定	命題の逆	命題の裏
命題の対偶			

あとがき

「教えるとは、希望を語ることであり、学ぶとは、誠実を胸に刻むことである」学生時代、大学の民主化が叫ばれていたころ、友人から借り受けた本のなかの一節である。著者は、確か、ルイ・アラゴンであったと思う。卒業後、大学に籍を置いて数十年、この一言は頭から離れることはなかった。福山大学着任の折、石碑にこの一文を見つけたとき心が躍った。それは、学長宮地茂に、人の生き様に感動できる共通の何かがあると感じたからである。しかし、ひとつの理想を実践するのには多くの困難が伴う。教師となろうと覚悟してもう長いが、未だに学生に「希望を語ること」がわからないでいる。

人間の日々は意図したことに対する成功と失敗の連続である。そして、意図したことがどんな形であっても上手くできたと実感できるとき、それが新たな希望の源泉になる。そんな思いで教壇に立つが、学生に小さな成功体験を経験させることはそんなに生易しくない。特に、学ぼうとする意図が曖昧な学生には、こちらの意図を伝えることも大変難しい。結局、学ぶ姿勢のあり方によって、教師の希望を語る作業の成否も決まってしまうのではないかと半ば諦めに近い感情が芽生えることも否定できない。

そんななかで、「やってみせ、言って聞かせて、させてみて、ほめてやらねば　人は動かじ」「話し合い、耳を傾け、承認し、任せてやらねば、人は育たず」「やっている、姿を感謝で見守って、信頼せねば、人は実らず」の山本語録に出合った。ここには、初めて何かを学ばなくてはならない若者に対して、これを零から育てようとする教師の立場が見て取れる。それは単に技術や知識を伝えるだけでなく、そのことにかかわる教育者の学習者への態度とそれによって形成される人間関係のあり方が示されている。この山本語録との出合いは大きい。コミュニケーションと信頼関係が意欲を生み出す源泉である。

人間関係を大事にする教育は、ありきたりの教材を使ってありきたりの方法では実現できない。いまある人間を対象に最も適切な内容を模索し手作りで提供することが重要である。それは、あたかも食事を出来合いのもので済ませるのではなく手作りの料理で楽しむのに似ている。人は結果からだけでなく、その準備のプロセスを通して人としての在りようの多くを学んでいるからである。また、講義のように１対多数の関係ではおのずと人間関係も貧弱とならざるを得ない。個々の素材が学生どうしのコミュニケーションを促すものであることも重要である。

どんな人間関係が生まれるのか分からない。しかし、言って聞かせて、させてみて、集団としてひとつの課題を確実にこなしながら、納得のプロセスを理解する（ほめてやる）ことで人間関係を大事にする教育の新しい可能性が開ければと期待している。

1012年3月

著　者

付表 I　標準正規分布の面積

表中の数字は、z＝0 から z の正値までの曲線下の部分の面積を表わす。z の負の値に対してはz＝0 を中心にして曲線の対称性を利用して求めることができる。

z	0.00	0.01	0.02	0.03	0.04	0.05	0.06	0.07	0.08	0.09
0	0.5000	0.5040	0.5080	0.5120	0.5160	0.5199	0.5239	0.5279	0.5319	0.5359
0.1	0.5398	0.5438	0.5478	0.5517	0.5557	0.5596	0.5636	0.5675	0.5714	0.5753
0.2	0.5793	0.5832	0.5871	0.5910	0.5948	0.5987	0.6026	0.6064	0.6103	0.6141
0.3	0.6179	0.6217	0.6255	0.6293	0.6331	0.6368	0.6406	0.6443	0.6480	0.6517
0.4	0.6554	0.6591	0.6628	0.6664	0.6700	0.6736	0.6772	0.6808	0.6844	0.6879
0.5	0.6915	0.6950	0.6985	0.7019	0.7054	0.7088	0.7123	0.7157	0.7190	0.7224
0.6	0.7257	0.7291	0.7324	0.7357	0.7389	0.7422	0.7454	0.7486	0.7517	0.7549
0.7	0.7580	0.7611	0.7642	0.7673	0.7704	0.7734	0.7764	0.7794	0.7823	0.7852
0.8	0.7881	0.7910	0.7939	0.7967	0.7995	0.8023	0.8051	0.8078	0.8106	0.8133
0.9	0.8159	0.8186	0.8212	0.8238	0.8264	0.8289	0.8315	0.8340	0.8365	0.8389
1	0.8413	0.8438	0.8461	0.8485	0.8508	0.8531	0.8554	0.8577	0.8599	0.8621
1.1	0.8643	0.8665	0.8686	0.8708	0.8729	0.8749	0.8770	0.8790	0.8810	0.883
1.2	0.8849	0.8869	0.8888	0.8907	0.8925	0.8944	0.8962	0.8980	0.8997	0.9015
1.3	0.9032	0.9049	0.9066	0.9082	0.9099	0.9115	0.9131	0.9147	0.9162	0.9177
1.4	0.9192	0.9207	0.9222	0.9236	0.9251	0.9265	0.9279	0.9292	0.9306	0.9319
1.5	0.9332	0.9345	0.9357	0.9370	0.9382	0.9394	0.9406	0.9418	0.9429	0.9441
1.6	0.9452	0.9463	0.9474	0.9484	0.9495	0.9505	0.9515	0.9525	0.9535	0.9545
1.7	0.9554	0.9564	0.9573	0.9582	0.9591	0.9599	0.9608	0.9616	0.9625	0.9633
1.8	0.9641	0.9649	0.9656	0.9664	0.9671	0.9678	0.9686	0.9693	0.9699	0.9706
1.9	0.9713	0.9719	0.9726	0.9732	0.9738	0.9744	0.9750	0.9756	0.9761	0.9767
2	0.9772	0.9778	0.9783	0.9788	0.9793	0.9798	0.9803	0.9808	0.9812	0.9817
2.1	0.9821	0.9826	0.9830	0.9834	0.9838	0.9842	0.9846	0.9850	0.9854	0.9857
2.2	0.9861	0.9864	0.9868	0.9871	0.9875	0.9878	0.9881	0.9884	0.9887	0.989
2.3	0.9893	0.9896	0.9898	0.9901	0.9904	0.9906	0.9909	0.9911	0.9913	0.9916
2.4	0.9918	0.9920	0.9922	0.9925	0.9927	0.9929	0.9931	0.9932	0.9934	0.9936
2.5	0.9938	0.9940	0.9941	0.9943	0.9945	0.9946	0.9948	0.9949	0.9951	0.9952
2.6	0.9953	0.9955	0.9956	0.9957	0.9959	0.9960	0.9961	0.9962	0.9963	0.9964
2.7	0.9965	0.9966	0.9967	0.9968	0.9969	0.9970	0.9971	0.9972	0.9973	0.9974
2.8	0.9974	0.9975	0.9976	0.9977	0.9977	0.9978	0.9979	0.9979	0.9980	0.9981
2.9	0.9981	0.9982	0.9982	0.9983	0.9984	0.9984	0.9985	0.9985	0.9986	0.9986
3	0.9987	0.9987	0.9987	0.9988	0.9988	0.9989	0.9989	0.9989	0.9990	0.999

付表Ⅱ　スチューデントのｔ分布

表頭の数字はｔが表中の数字を超える**確率** $P(x>t)$ を表し、表左側の数は自由度（ν）を表す。

自由度(ν)	確　率　$P(x>t)$			
	0.10	0.05	0.02	0.01
1	3.0777	6.3138	15.8945	31.8205
2	1.8856	2.9200	4.8487	6.9646
3	1.6377	2.3534	3.4819	4.5407
4	1.5332	2.1318	2.9985	3.7469
5	1.4759	2.0150	2.7565	3.3649
6	1.4398	1.9432	2.6122	3.1427
7	1.4149	1.8946	2.5168	2.9980
8	1.3968	1.8595	2.4490	2.8965
9	1.3830	1.8331	2.3984	2.8214
10	1.3722	1.8125	2.3593	2.7638
11	1.3634	1.7959	2.3281	2.7181
12	1.3562	1.7823	2.3027	2.6810
13	1.3502	1.7709	2.2816	2.6503
14	1.3450	1.7613	2.2638	2.6245
15	1.3406	1.7531	2.2485	2.6025
16	1.3368	1.7459	2.2354	2.5835
17	1.3334	1.7396	2.2238	2.5669
18	1.3304	1.7341	2.2137	2.5524
19	1.3277	1.7291	2.2047	2.5395
20	1.3253	1.7247	2.1967	2.5280
21	1.3232	1.7207	2.1894	2.5176
22	1.3212	1.7171	2.1829	2.5083
23	1.3195	1.7139	2.1770	2.4999
24	1.3178	1.7109	2.1715	2.4922
25	1.3163	1.7081	2.1666	2.4851
30	1.3104	1.6973	2.1470	2.4573
40	1.3031	1.6839	2.1229	2.4233
50	1.2987	1.6759	2.1087	2.4033
70	1.2938	1.6669	2.0927	2.3808
100	1.2901	1.6602	2.0809	2.3642
500	1.2832	1.6479	2.0591	2.3338
1000	1.2824	1.6464	2.0564	2.3301
∞	1.2816	1.6449	2.0537	2.3263

付表Ⅲ　χ^2分布

表頭の数字はχ^2の値が表中の数字を超える**確率** $P\left(x > \chi^2\right)$を表し、表左側の数は自由度（ν）を表す。

ν	確率 $P\left(x > \chi^2\right)$					
	0.995	0.975	0.050	0.025	0.010	0.005
1	0.0000393	0.0010	3.8416	5.0239	6.6349	7.8794
2	0.010025	.050636	5.9915	7.3778	9.2103	10.5966
3	0.071722	.215795	7.8147	9.3484	11.3449	12.8382
4	0.206989	.484419	9.4877	11.1433	13.2767	14.8603
5	0.411742	.831212	11.0705	12.8325	15.0863	16.7496
6	0.675727	1.23734	12.5916	14.4494	16.8119	18.5476
7	0.989256	1.68987	14.0671	16.0128	18.4753	20.2777
8	1.34441	2.17973	15.5073	17.5345	20.0902	21.9550
9	1.73493	2.70039	16.9190	19.0228	21.6660	23.5894
10	2.15586	3.24697	18.3070	20.4832	23.2093	25.1882
11	2.60322	3.81575	19.6751	21.9200	24.7250	26.7568
12	3.07382	4.40379	21.0261	23.3367	26.2170	28.2995
13	3.56503	5.00875	22.3620	24.7356	27.6882	29.8195
14	4.07467	5.62873	23.6848	26.1189	29.1412	31.3193
15	4.60092	6.26214	24.9958	27.4884	30.5779	32.8013
16	5.14221	6.90766	26.2962	28.8454	31.9999	34.2672
17	5.69722	7.56419	27.5871	30.1910	33.4087	35.7185
18	6.26480	8.23075	28.8693	31.5264	34.8053	37.1565
19	6.84397	8.90652	30.1435	32.8523	36.1909	38.5823
20	7.43384	9.59078	31.4104	34.1696	37.5662	39.9968
22	8.64272	10.9823	33.9244	36.7807	40.2894	42.7957
24	9.88623	12.4012	36.4150	39.3641	42.9798	45.5585
26	11.1602	13.8439	38.8851	41.9232	45.6417	48.2899
28	12.4613	15.3079	41.3371	44.4608	48.2782	50.9934
30	13.7867	16.7908	43.7730	46.9792	50.8922	53.6720
40	20.7065	24.4330	55.7585	59.3417	63.6907	66.7660
50	27.9907	32.3574	67.5048	71.4202	76.1539	79.4900
60	35.5345	40.4817	79.0819	83.2977	88.3794	91.9517
70	43.2752	48.7576	90.5312	95.0232	100.4250	104.2150
80	51.1719	57.1532	101.8790	106.6290	112.3290	116.3210
90	59.1963	65.6466	113.1450	118.1360	124.1160	128.2990
100	67.3276	74.2219	124.3420	129.5610	135.8070	140.1690
150	109.142	117.985	179.5810	185.8000	193.2080	198.3600
200	152.241	162.728	233.9940	241.0580	249.4450	255.2640
250	196.161	208.098	287.8820	295.6890	304.9400	311.3460

■著者紹介

占部　逸正（うらべ　いつまさ）

福山大学工学部教授
1974 年　名古屋大学大学院工学研究科修士課程修了
工学博士

主著
『生活環境放射線』（共著）原子力安全研究協会　1992
『緊急被ばく医療テキスト』（共著）医療科学社　2004

数理科学へのアプローチ
－多様な数量関係の理解のために－

2012 年 4 月 30 日　初版第 1 刷発行

■著　　者――占部　逸正
■発 行 者――佐藤　守
■発 行 所――株式会社　大学教育出版
〒 700-0953　岡山市南区西市 855-4
電話 (086)244-1268㈹　FAX (086)246-0294
■印刷製本――サンコー印刷㈱

ISBN978 - 4 - 86429 - 153 - 8